曹保明 著

中国文史出版社

图书在版编目（CIP）数据

皮匠／曹保明著．--北京：中国文史出版社，2021.10

ISBN 978－7－5205－3121－4

Ⅰ．①皮… Ⅱ．①曹… Ⅲ．①毛皮加工－手工艺－介绍－吉林②毛皮加工－手工业工人－介绍－吉林 Ⅳ．①TS55②K828.1

中国版本图书馆 CIP 数据核字（2021）第 176194 号

责任编辑：金硕　刘华夏

出版发行：中国文史出版社
社　　址：北京市海淀区西八里庄路 69 号院　　邮编：100142
电　　话：010－81136606　81136602　81136603　81136605（发行部）
传　　真：010－81136655
印　　装：北京温林源印刷有限公司
经　　销：全国新华书店
开　　本：660×950　1/16
印　　张：17.75
字　　数：175 千字
版　　次：2022 年 1 月北京第 1 版
印　　次：2022 年 1 月第 1 次印刷
定　　价：59.00 元

心怀东北大地的文化人

——曹保明全集序

二十余年来，在投入民间文化抢救的仁人志士中，有一位与我的关系特殊，他便是曹保明先生。这里所谓的特殊，源自他身上具有我们共同的文学写作的气质。最早，我就是从保明大量的相关东北民间充满传奇色彩的写作中，认识了他。我惊讶于他对东北那片辽阔的土地的熟稔。他笔下，无论是渔猎部落、木帮、马贼或妓院史，还是土匪、淘金汉、猎手、马帮、盐帮、粉匠、皮匠、挖参人，等等，全都神采十足地跃然笔下；各种行规、行话、黑话、隐语，也鲜活地出没在他的字里行间。东北大地独特的乡土风习，他无所不知，而且凿凿可信。由此可知他学识功底的深厚。然而，他与其他文化学者明显之所不同，不急于著书立说，而是致力于对地域文化原生态的保存。保存原生态就是保存住历史的真实。他正是从这一宗旨出发确定了自己十分独特的治学方式和写作方式。

首先，他更像一位人类学家，把田野工作放在第一位。多年里，我与他用手机通话时，他不是在长白山里、松花江畔，就是在某一个荒山野岭冰封雪裹的小山村里。这常常使我感动。可是民间文化就在民间。文化需要你到文化里边去感受和体验，而不是游客一般看一眼就走，然后跑回书斋里隔空议论，指手画脚。所以，他的田野工作，从来不是把民间百姓当作索取资料的对象，而是视作朋友亲人。他喜欢与老乡一同喝着大酒、促膝闲话，用心学习，刨根问底，这是他的工作方式乃至于生活方式。正为此，装在他心里的民间文化，全是饱满而真切的血肉，还有要紧的细节、精髓与神韵。在我写这篇文章时，忽然想起一件事要向他求证，一打电话，他人正在遥远的延边。他前不久摔伤了腰，卧床许久，才刚恢复，此时天已寒凉，依旧跑出去了。如今，保明已过七十岁。他的一生在田野的时间更多，还是在城中的时间更多？有谁还像保明如此看重田野、热衷田野、融入田野？心不在田野，谈何民间文化？

更重要的是他的写作方式。

他采用近于人类学访谈的方式，他以尊重生活和忠于生活的写作原则，确保笔下每一个独特的风俗细节或每一句方言俚语的准确性。这种准确性保证了他写作文本的历史价值与文化价值。至于他书中那些神乎其神的人物与故事，并非他的杜撰；全是口述实录的民间传奇。

由于他天性具有文学气质，倾心于历史情景的再现和事物的形象描述，可是他的描述绝不是他想当然的创作，而全部来自口述者的亲口叙述。这种写法使与一般人类学访谈截然不同。他的写作富于一种感性的魅力。为此，他的作品拥有大量的读者。

作家与纯粹的学者不同，作家更感性，更关注民间的情感：人的情感与生活的情感。这种情感对于拥有作家气质的曹保明来说，像一种磁场，具有强劲的文化吸引力与写作的驱动力。因使他数十年如一日，始终奔走于田野和山川大地之间，始终笔耕不辍，从不停歇地要把这些热乎乎感动着他的民间的生灵万物记录于纸，永存于世。

二十年前，当我们举行历史上空前的地毯式的民间文化遗产抢救时，我有幸结识到他。应该说，他所从事的工作，他所热衷的田野调查，他极具个人特点的写作方式，本来就具有抢救的意义，现在又适逢其时。当时，曹保明任职中国民协的副主席，东北地区的抢救工程的重任就落在他的肩上。由于有这样一位有情有义、真干实干、敢挑重担的学者，使我们对东北地区的工作感到了心里踏实和分外放心。东北众多民间文化遗产也因保明及诸位仁人志士的共同努力，得到了抢救和保护。此乃幸事!

如今，他个人一生的作品也以全集的形式出版，居然洋洋百册。花开之日好，竟是百花鲜。由此使我们见识到这位卓尔不群的学者一生的努力和努力的一生。在这浩繁的著作中，还叫我看到一个真正的文化人一生深深而清晰的足迹，坚守的理想，以及高尚的情怀。一个当之无愧的东北文化的守护者与传承者，一个心怀东北大地的文化人!

当保明全集出版之日，谨以此文，表示祝贺，表达敬意，且为序焉。

2020. 10. 20

天津

前言 Preface

寻　找

从前，在茫茫的草原上，有一个老人。

他叫吉雅其，是牧场主巴彦的奴仆。在为主人放了一辈子牛马后，这一天，他要死了。

他找人把巴彦叫到跟前。

他说，主人，我有一个小小的请求。我死后，让我手握套马杆，穿上放牧时的衣袍，脸朝着阿拉坦宝木比山，背靠着哈罕达勒山，埋葬我吧。

巴彦答应说，好吧，吉雅其。

不久，老人死了。

可是巴彦早已忘记了老人的话，随便把他埋了。

这以后，草原开始不平静起来。连年的灾害，而且瘟疫四起，特别是狼多了起来。

狼们放肆地在草原上奔走，许多牛羊和牲口被它们吃掉了。

巴彦不知是怎么回事，就请来了草原上的智者博（萨满）。

博说，巴彦，你忘掉了一个人的嘱托了吧。

巴彦说，没有哇。

博说，你忘掉了。那曾经是你对一个生命的承诺。

巴彦说，可那是一个微不足道的人啊。

博走了以后，巴彦按照吉雅其的嘱咐，用皮子做了一个人，又在皮脸上画上吉雅其的五官，让他握着长长的牧鞭和套马杆，站立在哈罕达勒山下。

果然，这以后草原平安了，生活平静了。

原来狼们见到吉雅其又回来了，不敢放肆了；动物腐烂的尸体也不污染水源了，疾病也没了……

此后，每到春秋放牧的季节，人们就挂起吉雅其皮身的画像，称他为牧畜之神。

再后来，人们干脆用一张皮子画上吉雅其去放牧。

人们举着皮子高呼着，吉——雅——其——！

吉——雅——其——！

这个故事，在北方的土地上，讲述千百年了。

其实许多时候，人们认为最珍贵的东西它往往却是以最普通和最平常的样子出现，开始人们怎么也想不到它的珍贵，可是若干年后人们才后悔不迭，为什么当初没有理解它呢……

许多年以来，我就想寻找到东北的一个皮匠，就像恢复吉雅其主人巴彦做的那个皮人，他把一个人的承诺实现了，他让一个故事活态地传承下来。皮匠，一个可以使生命、记忆和文化完全复活的能者，你在哪里？

我曾经在东北平原中部的茫茫的科尔沁草原与东部长白山林的

交接地带各个村庄、小镇去打听，也走访过许多家铁匠炉、马具店、大车店、旅店。他们告诉过我一些重要的线索。可是，每当我按着乡下人的指点来到那些曾经接触过皮匠或皮匠后代的村屯或地点时，不是遇到老人已故去，就是他们的后代早已不去做这个营生，早已把熟皮子、制皮革的手艺忘个一干二净。或者干脆鄙视地对我说道，那种“臭皮匠”生意，不干了；那是早些时候家里老人实在无法生存，才不得不当皮匠啊。

于是，几十年来，我对寻找到一个东北有皮匠手艺的老人的想法彻底地放弃过。但是，中国民间文化遗产抢救和挖掘工程的开展和全国非物质文化遗产的抢救和申报工作，特别是中国民间文化杰出传承人的寻找、调查、认定和命名工作又让我不甘心。因为这些年来，我已经把中国北方民族民间五行八作的人都寻访过并为这些手艺和行业都写了传，却唯独没有找到一个像样的皮匠。

2007 年的冬天，天寒雪大。长白山管委会宣传文化中心请我去讲课。一天的课程。我要在当晚从二道白河乘汽车赶到安图，再从这里坐从延吉开往长春的火车，赶在第二天早上去上班。

多少年了，我就是这样在忙碌中度过。

吃过晚饭，天渐渐暗下来。管委会应安臣主任派他的司机王师傅开车送我。从二道白河到安图镇 180 公里，全都是盘山道。我们要在中途一个叫小沙河的地方接一个叫赵守梅的人，是管委会工会主席让她为我买的卧铺票。

还是在傍晚，天就阴了。

冷风“嗖嗖”地刮起来。午后，那明亮而遥远的长白山披着厚厚白雪的主峰，也在这时被乌云遮住，消失了。二道白河一带已在海拔800米以上。平时就是晴天，空中也飘着沙粒子雪。那种雪粒在天空太阳的照射下，闪着晶莹的光泽，让人寒冷发抖，现在，周边更加的寒冷和沉寂。

而天一阴一黑，粒子雪仿佛又大又厚。

这种雪像“雨”一样沉重落下，砸得人脸很疼。风刮着雪粒儿，抽得人睁不开眼睛。

为了赶火车，我们冒雪上路了。

汽车开亮大灯，在山路上奔驰。雪粒子“哗哗”地扫在车窗上。王师傅开启了“雨刮”，像扫雨水一样扫着雪粒子。车窗前的玻璃不断被急速下降的寒霜涂得模糊起来。王师傅不断用抹布在上面除霜，一面接着他家人的电话。家人嘱咐他长白山的暴风雪要来了，路上要小心，送完我赶快返回。

坐在王师傅驾驶座旁的我却没有一点睡意。我盯着窗外风雪弥漫的长白山路，陷入久远的岁月思索之中。

1968年，我曾经上山下乡，就在这儿当知识青年。

四十年啦。如今，我来这里抢救文化遗产。人生能有几多这样的巧合？光阴是这么快吗？当年十九岁的我，现在已是满头白发近六十岁的人啦。岁月真是不堪回首！可是，对于我，似乎几十年来未改初衷，我依然是在为东北的民族民间文化开拓着。

其实我没变化，只不过是年龄变了。可是内里却依然如旧，还是当年的那个人。只有一样遗憾，我还没有找到一个像样的比较有代表性的东北皮匠……

因此，我的追求还不能完哪。

汽车经过小沙河，给我买票的赵守梅上来了。

赵守梅是安图县银行的大堂经理。这一天她是到沙河镇银行检查工作，又凑巧为我购买火车卧铺票，我对人家深表感谢，便很自然地聊了起来。这是我多年工作的习惯，搜集信息。

她也是听说我四十年前就在安图下乡，这次又是来为他们讲授长白山文化，所以格外热情，我们彼此便唠起了家庭和工作的一些相关情况。当问起她爱人时，她说："他现在是一个'臭皮匠'……"说完，不好意思地笑了。

我问："皮匠？"

她说："对呀。"

"做什么物件？"

"鼓。"

"鼓？"

"对呀。"

"给谁做？"

"延边歌舞团。"

赵守梅滔滔不绝地告诉我，她爱人的父亲从前是长白山里著名的皮匠，爷爷开过"皮铺"，就叫"老白山张氏皮铺"。后来，她爱人张海顺的爷爷张世杰故去了，这门手艺也就丢了。后来，她公公张恕贵舍不得丢了这门祖上传下来的手艺，又加上延边歌舞团和延边民族乐器研究所的所长赵基德听说张恕贵家祖上是皮匠，就指定让他做鼓熟皮子，并定下他家熟的鼓皮，有多少张收多少张，不然还得用外汇去韩国买鼓皮。于是，公公就开起了专门为延边民族乐器研究所熟皮子制鼓的作坊。这样一开业，就不可收了。

这些年特别是改革开放以来，延边朝鲜族文艺活动开展得轰轰烈烈，各家用长鼓、圆鼓的越来越多，张家皮铺根本就停不下来。有几次，公公想不干了，可是民族乐器研究所和一些乐器厂的法人就到安图来求张恕贵，你开也得开，不开也得开。谁让你家是老字号了，谁让你家是熟皮子能手了。于是爱人张海顺也是看着父亲、母亲两个人挺着这“张氏皮铺”干活太累，心疼二老，再加上确实社会上的文化生活，特别是延边朝鲜族需要“鼓皮子”，于是就经常帮父亲熟皮子。

一来二去，他也成了远近闻名的皮匠。

后来，丈夫张海顺单位企业生产不景气，于是他干脆离开企业和父亲一块儿干起了自家的皮铺买卖。

“他呀，下班回来，一身臭气！”守梅心疼地说。累了一天，可女儿却喊：“爸！爸！臭哄哄的。快去洗脸……”

当热心的赵守梅这样细心地描述到这里时，她完全不知道，我已经彻底震惊了。因为，我已在这位对家庭、对工作、对事业、对他人热忱描述的女经理的讲述中完完全全地确认，一位真正的东北民间皮匠艺人已经浮出水面。而且，这是一位真正的民间皮匠，正是我多年来不断在寻找的人物。我仿佛听到一阵阵“咚咚咚咚”的鼓声正从古老的岁月远方传过来，我甚至想赶快找到张皮匠，求张师傅给我做一个吉雅其，给中国社会做一个吉雅其，我们也骑着马，举着美丽而神奇的吉雅其，高呼着吉雅其……

目录 Contents

第一章　亲历皮匠人家 001

一、皮匠世家 002

二、落脚关东开皮铺 007

三、走进皮匠的记忆 016

四、走进鼓作坊 031

第二章　皮匠工具 046

一、大缸 046

二、刮凳 047

三、刮毛铲 048

四、皮铲 049

五、皮梳 050

六、刮刀 051

七、裁刀 053

八、晾凳 054

九、砸床 054

十、钻子 057

十一、钻针 058
十二、锥子 058
十三、鞭车子 059
十四、套勒子 060
十五、靰鞡楦子 061
十六、土灶 062

第三章 皮匠作业的主要过程 064
一、收皮子 064
二、买缸 067
三、沤皮子 069
四、开刮 071
五、脱灰 072
六、清洗 073
七、漂白 074
八、熏皮子 075
九、冻皮子 080
十、刮冻皮 081
十一、晾冻皮 082
十二、割皮子 083
十三、片皮子 084
十四、开缝 085
十五、砍楦子 090

十六、炕靰鞡 091
十七、钉钉子 092
十八、上耳子 093
十九、絮靰鞡草 094
二十、抻皮子 095
二十一、裁剪 096
二十二、定型 097
二十三、送货 103

第四章　皮艺与东北 104
一、狗皮帽子 104
二、皮袄和皮裤 106
三、制神服 112
四、手闷子 116
五、褥子和睡袋、皮袋 121
六、皮人 127
七、皮子艺术 131
八、生活的响动 136
九、脸谱 143

第五章　皮匠所熟悉的动物 152
一、鼠皮 153
二、牛皮 156

三、虎皮 157
四、兔皮 158
五、蛇皮 160
六、马皮 161
七、羊皮 162
八、狗皮 163
九、猪皮 164
十、猫皮 165
十一、犴达罕皮 165
十二、鹿皮 166
十三、熊皮 167
十四、猞猁狲皮 169
十五、狐狸皮 169
十六、狍子皮 171
十七、貂皮 172
十八、狼皮 180
十九、鱼皮 184
二十、海龙皮 190

第六章　皮匠口述 192
一、施贵卿口述 192
二、张恕贵口述 196
三、张顺海口述 201

四、曾宪明口述 206
五、李淑珍口述 211
六、白庆平口述 213

第七章 皮匠与皮铺的习俗和故事 221
一、皮铺习俗 221
二、皮铺歇后语、对联 230
三、皮匠和皮铺的故事 233

第八章 并不远离 241

后记 停在东北深处 259

第一章 亲历皮匠人家

冬季，大雪覆盖了整个长白山，大山腹地的安图县城被风雪弥漫着。皮匠张恕贵的家坐落在县城西南半山腰的一条胡同里。砖房，一个院套，许多大缸摆在院子里。皮匠离不开缸。这是皮匠家的生活气息。

听说有人想了解皮匠这一行，张师傅和家人很热忱。一个劲儿地让我快进屋，外头冻手。

我赶紧随他们进了屋。

进屋就是炕，我直接上了火炕。

安图县属于延边朝鲜族自治州，张家本来是汉族，可是由于在这一带长久居住，竟然也适应了朝鲜族生活方式，住起了这种一进门就是火炕的居室。不过，这种居室也有它的好处。特别是在东北的长白山区，冬季寒冷而漫长，人在户外劳作一天，真想进到屋就上炕暖和一下手脚，于是这种火炕应运而生。

再说，北方人一冬天干什么活都习惯坐在炕上。外边再冷，也就不在乎了。同时，火炕时时放出热量，也起到了加温的作用。

我一坐下来，就开门见山说明了我的来意——就是想听听张氏家族关于皮匠的生涯故事。怎么当起了皮匠呢？从什么时候开始的呢？

一切，要从头说起。

“从头说，我要给你看一样东西。”张师傅说着，站起来，到柜子里取出一个小匣，取出一个影集。又打影集里边摸出一个白纸小包。又打开小纸包，里边露出一张黑白照片，上面是一个老头……

我知道，可能所有的故事，就从这个老头开始了。

果然，皮匠张恕贵在我面前的火炕上给我倒上一碗老茶水，又拉过一条被子让我盖上脚。因为虽然炕热，但外边冷，屋里还是凉。这时，我看见，老皮匠的眼圈突然红红的。他的手颤抖起来，他拿着这张照片，在外面长白山风雪的“呼呼”吹刮声中，在火炕灶坑木柈子“呼呼”的燃烧声中，在挂在墙上的老铜钟“呱哒呱哒”的走动声中，他给我讲述了一个惊人的故事，这个故事一下子把我带进一个皮匠世家久远的传奇中去了。

一、皮匠世家

照片上的这个老人叫张世杰，是张恕贵的父亲。

清光绪二十五年（1899），张世杰出生在山东省来熙县一个皮铺世家。父亲张贵和，在来熙一家大皮铺“三盛玉”当“皮裁”。

皮裁，就是皮铺的最后一道工序。把熟好的皮张按不同规格分

最后一个皮匠——张世杰

好，然后开裁。这时皮裁按买者的要求将各种各类皮子剪裁成服饰、鞋脚、衣帽、物件的样子，属于皮匠工艺中懂技术的人。张贵和从小聪明能干，眼睛里有活，因此深得三盛玉掌柜吴福德的信任。可是就是这种信任，让张家招来一场惊天大祸。

原来，从咸丰年开始山东府来熙的三盛玉就为朝廷加工制作各种皮饰。往往是由吉林、黑龙江、辽宁和宁古塔一带进送的皮子，运往来熙，再由像三盛玉这样的诸多皮铺为其加工成各式各样的皮物，称为裘皮贡物。

在清代典章制度中，有明确规定，关于皮毛裘物加工和穿戴要求十分严格。上至皇帝，下至庶民各个阶层什么活动场合穿什么式样的服饰都有详细规定。那时裘皮有细裘和粗裘之分。上乘的貂、狐、羔皮、猞猁狲、海龙皮、獭子皮、虎、豹皮等为细裘，是给皇室及主要官员穿用；而鹿、狼、猪、马、狗等皮张，一律为粗裘，为官中低层人士或平民百姓穿用。

以皇服为例，冬朝冠用熏貂，十一月朔至上元用黑狐。吉服冠用海龙、熏貂、紫貂。行冠，冬用黑狐或黑羊皮。上述各种规定十分细致，规矩繁多。

来熙三盛玉掌柜吴福德有个二舅叫秦万来，是皇商。此人经常往来于北京和来熙之间，把大量的皮衣、皮饰运往京城，再从京城和北部将各种皮张押运到来熙。一年大约有一两个月时间二舅待在来熙。

这一年，快到冬月的时候，有一天，吴掌柜领着秦万来走进了张贵和的作坊。只见皇商二舅手拎着一块熏香紫黑貂皮，说："贵和，给二舅裁一件端罩。"

张贵和拎起这块黑貂皮一打量，不觉大吃一惊。

皮匠都认皮子。只见这张皮子，黑中透亮，紫中泛波纹，偌大的一张，用手一抓只是一团，正是前几天张贵和与工匠们用软熏法处理过的一张上等的貂皮，而且这张貂皮是准备为光绪生母慈安太后五十大寿生日送上的礼皮。怎么到了吴福德二舅手里？

吴掌柜可能也看出张贵和的心思。于是平静地说："贵和，这你就不用管了。朝廷要的貂皮货虽然有数，但这一季成品刚开始点货，你就只管做就是。过了年，再收。再给他们补。另外，二舅也是做一件物留着，不穿的。"

人家是甥舅关系，再说皇商二舅对他也不薄。二舅每次从京城到来熙，还常常为张皮匠带点麻花、糖球、皮影、字画什么的。于是张贵和想也没想就给对方剪裁皮子了。

从前，朝廷的端罩是以其不同的皮质作为等级标志的。

皇帝端罩，才以紫貂为之。

亲王、郡王、贝勒、贝子的端罩，青狐为主。

公、侯、伯、子、男等品官的端罩，以猞猁狲兼而用之。

四品端罩，以红貂皮为之。

五品的端罩，是黄狐皮为之……

于是，张贵和依靠自己非凡而精湛手艺，三天之后，就给二舅做好了这件珍贵的端罩。

可是，他万万没有想到，这已酿下大祸。

再说皇商秦万来，他得了这件端罩心中万分荣耀。皇贡办完之后他穿上这件端罩就进了京城。进京就进京呗，偏偏他又穿着它去参加几个皇商在大栅栏一家馆子为一个宫廷亲王祝寿的宴请。

事情也就凑巧。在这天的宴诞上，朝廷内务府的一个叫李来一的太监也来吃酒。酒过三巡，菜过五味，这李来一一看秦万来的端罩，可就眼热了。李来一询问来询问去，就想高价收买。可偏偏这皇商秦万来没把对方放在眼里，狂言对方出多少钱也不卖。

人家什么也没说，起身就走了。

其实他不知道，这李来一是好惹的吗？这李米一回了宫廷就对内务府的总管呈报了此事，说来熙三盛玉皇商秦万来私破皇规，竟敢偷偷做紫貂熏香端罩穿戴，并且招摇过市，这不是蔑视朝廷吗？

朝廷内务府总管一看这事有利可图，一道密令下到山东来熙府，要求地方上火速查办三盛玉皮铺，把当事人押往京城严加查办。这一来，吴福德吓坏了。二舅秦万来一听信，也吓跑了。还是被上方收买的山东府来熙府衙假装好意地给三盛玉吴掌柜出主意说，不如拿些银子，打点一下内务府大员，但面子上也得对吴掌柜处理一下。怎么处理？无非是先收入大狱，关上几年。

收进大狱？这不是要命吗？吴福德掌柜当时吓傻了，连连问还有别的法子吗？

来熙府衙又给他出了个损招。不如先把罪名推到皮铺裁缝张贵和身上，这事可也就一了百了啦。

可是，想想多年来张皮匠对他家兢兢业业，吴福德又不忍心这样做。可是，不这样办又怎么办呢？

当下，吴掌柜来到张贵和家，“扑通”就给张贵和跪下了。吴掌柜一五一十地把事情的经过说了一遍，后悔当初没听张皮匠的劝。又加了一句：“贵和，眼下，只有你能救我！”

张皮匠说：“我替你去坐牢？”

掌柜的说：“对对。我这也是不得已而为之。眼下，还有一个办法。就是你先把这个私裁端罩的罪名接下，先进大狱。然后，我再设法从大牢里把你赎出来。你好好想想，三天后给我个话。”

回了家，张贵和当晚就起不来炕了。

原来当年，张贵和已是一大家子人。突然飞来这样一场横祸，谁不犯愁？还是妻子来得快。她说：“贵和，什么先招后赎，这不过是他吴掌柜的一个缓兵之计。一旦你进去，他们便合伙把你在狱中置于死地。留得青山在，不怕没柴烧。依我看，咱们只有一条路。”

“什么路?”

“三十六计，走为上策。”

“走？往哪里走?”

“往北。出山海关，闯关东去。天下哪儿黄土不埋人哪！不能在这儿等死啊。再说，我听说关东地大无比，还能没咱的活路?”

妻子的一句话，提醒了皮匠。对呀！现在只有这一条路了。

说走就走，也没有什么家产。

当天晚上，张家一家人收拾了一下细软，然后趁着黑夜，一家人就一直往北，下关东逃命去了。

二、落脚关东开皮铺

从前，中原的人往往以为东北好混穷，弄点啥都值俩钱。以为东北遍地都是老林子、野菜，起码饿不死人哪。可是，闯关东有闯关东的苦楚啊。

一首歌谣唱道：

出了山海关，两眼泪涟涟。

今日离了家，何日能得还?

一张貂皮两吊半，要拿命来换。

……

张家正是这样啊。

从前闯关东，全是用步量。

这一年，张世杰才八岁。

当时，家里人口多，他们哥四个，姐两个，全家人拖儿带女走了一年多，终于来到了东北长白山通化。

可就在这一年多的逃荒路上，大姐给人当了童养媳，小妹实在领不动了，只好送人了。还有张世杰的一个弟弟，只好一个人去讨饭了。一家人几乎是“走”丢了一半。

张家流落的地方是通化快大茂的一个大车店。父亲就给人家看看院子，母亲给人家浆浆洗洗维持生活。在离快大茂不远有一个叫二密河的地方，有一家皮铺，经常来快大茂大车店送马套和鞭哨，张世杰的父亲张贵和有时上前搭话。对方就问：“你会这一桌?”

桌，指“白皮桌”“红皮桌”。都是“皮匠”一行的行话。张世杰知道自己应该守口如瓶。

于是张贵和谦虚地说：“谈不上会。明白点。”

一天，正赶上一个猎人从山上带下一张狍皮想做条褥子，不会揉。张贵和就说：“来，我给你揉。”只见他拿出两盆子玉米面，撒在皮子上，接着开揉。行家一上手，便知有没有。只见他一揉一抖，一抖一揉，一抖一搓，工夫不大，就把一张老山皮揉搓成了一张上好的皮张。大伙都看惊了。于是，二密皮铺掌柜的就让他去当“熏匠”。就是专门用谷草熏皮子，做靰鞡和马套。

想想总不能瞒着，这手艺也得用上。再说这东北是天高皇帝远的地方，三盛玉的人也不知他流落何方。

于是，张贵和就领着家口来到了二密皮铺。

从前，人们找活路还是靠自己的手艺吃饭。父亲有了这个活路，全家乐坏了。可是谁想到，天有不测风云。一天，一辆来送皮子的车毛了，把张世杰的大哥碰伤了。当时也没钱去治，不几天就死了。又一天，张世杰的二哥给人家铡草，把手切了，得了破伤风，也死了。这家皮匠说张家给他们带来不吉利，硬把他们全家撵出了皮铺。

一下子死了两个儿子，张世杰的父亲一股急火，不久也一命归西了。

临死前，爹把世杰叫到跟前。爹说："孩子，爹这一辈子摆弄这皮子，福也是它，祸也是它。但这是咱张家唯一的手艺，今后你别扔了这手艺……"说完，老爹就匆匆地咽了气。

爹一死，娘得了一场大病。

既要给爹买棺材安葬，又得给娘治病，张世杰实在没招了。这天一大早，他推开村子里一家大户人家的大门，"扑通"就给人家跪下了。

他说："大叔哇，没别的。求你给我父亲安葬了吧！给我母亲找找大夫吧！"

人家说："说得容易，可你怎么还我？"

张世杰说："大叔，从今往后，我就是你家的小打。我当牛做马，还你的钱。中不？"

"唉。中！中！起来吧。"

人家见这小孩对爹娘挺孝顺，也就感动了，答应替他安葬父亲，给母亲抓药。从此张世杰成了这家大户人家的小使唤。

小使唤，就是没有具体所指。凡是人家一切事，听人家使唤。叫你往东，不能往西；叫你往南，不能往北；叫你上山，不能下水。张世杰从此命都成了人家的了。

北方山野人家，有干不完的活计。

每天一大早，他得先把人家一家人的尿罐子倒了。把人家的洗脸水打来，然后扫院子，接着赶猪上山。然后再放牛。下晌铲地。太阳一卡山，你要麻溜收猪收牛，喂马管羊。等半夜三星都出来了，他才上炕。炕沿不高，但他已累得上不去了……

可是，为了还葬父的棺材钱，他踏踏实实拼命干，二年下来，真的还清了东家的二百大洋。东家也被他的“皮实”（能吃苦）劲头感动了。

那一年，张世杰十四岁。

突然有一天，东家对他说：“孩子，你真是个好样的，啥苦都能吃。这样吧，你不能一辈子都出苦大力，学点手艺吧。”

世杰说：“学啥呢？要学，还是学皮匠活。”

东家说：“你不怕苦，就学皮匠。这活挣钱！”

“皮匠活我父亲活着时也让我别扔。”

“对。东北家家户户，车车马马，都离不开皮活，这个手艺走到哪儿吃到哪儿。”

“听东家的。”

“好。我有个朋友在山城镇皮铺。明个送你去。”

就这样，在张世杰十四岁那年，他离开了东家，奔往梅河口山城镇侯家皮铺。

那时，皮铺学徒也是拜师投艺，三年出徒。这三年当中要“红皮匠”“白皮匠”都学过才行。所说的“红皮匠”是指用谷草熏皮子做靰鞡做鞋；所说的“白皮匠”，是指做皮套马具马套。这两样是东北皮匠必须熟悉的技艺。

张世杰肯吃苦，心眼灵，三年下来，就出徒挣劳金了。

这一年，大约是他出徒后的二三年光景，有一个从山东来的姓吕的表弟，在安图县老松江镇开一个皮铺，邀他去。他也想自己试试身手，于是就辞别了侯家皮铺奔往了老松江。

老松江又叫老安图，位于长白山腹地，交通十分发达。这一带，从前是四面八方通往长白山的必经之路，每天南来北往的大车不断，要靰鞡要马具的人更是多，一下子让张世杰的手艺得到了发挥。可是毕竟这是给人家拉活，他还是想自己什么时候能开一个铺子买卖。

表弟看出他的心思，说：“你总想单挑！”（指自个儿干）

他说：“嗯哪。”（是的意思）

表弟说：“看你就是一个‘不安分’的人。”

这个“不安分”，是指张世杰的长相。张世杰从生下来，就是两个耳朵往外支楞着，人称“招风耳”。所说的招风耳，是指这样的孩子长大了总“惹事”。但是所谓的“惹事”其实也是指着这样的人爱干事，而且爱独立思考问题。这正是张世杰的性格。

在松江镇期间，他一有空就出门“拜师”学艺。

两江的杨玉林做靰鞡出名，会纳底上褶，他于是就去拜师；敦化大石头马具做得地道，他又去那里拜师学艺。什么蛟河，白石山，老爷岭一带的皮匠，都知道张皮匠这个人。一来二去，老松江的张皮匠就出了名了。

后来，他终于离开松江来到安图县明月镇开起了自己的皮铺“老白山张氏皮铺”。

他去山里砍回一棵树，在门口支上一个皮铺幌子，一片鞭杆编的花，在空中展开。下边拴一串儿靰鞡。风一吹，马灯和靰鞡“叭叭”响。

安图，西靠长白山北坡，东靠张广才岭南坡；南是延吉、图们，北是老敖东城、蛟河、船厂（今吉林市）。整日南来北往的大车把尘土和冰雪沫子扬上了天空。空气中整日地飘荡着马粪和草料味儿。大车一跑，大车店和皮铺的生意立刻红火起来了。在安图，光皮铺就有六七家。可是“老白山张氏皮铺”一开张，各家皮铺都瞪上眼睛了。

原来，这张世杰虽然看上去没多少文化，可是他心眼儿灵，手艺精绝。

他三十岁那年娶了小他十六岁的当地姑娘李桂珍为妻，帮他支起了皮铺的买卖。张氏皮铺从熟皮子到缝靰鞡、制马具一条龙日夜开张。他现去船厂托人求著名书法家李修然用老松刻写一副“老白山张氏皮铺”牌匾挂在大门上。门口的杆了上挂着一盏裹着破羊皮的马灯，上写“皮铺”二字，日夜亮着。

所有的人车老板子来到这里，往往敲着墙叫喊：

“掌柜的，来一副马套！”

“掌柜的，来两双靰鞡！”

……

张世杰让两个徒弟站在院子里专门“接活”。因为客人多，大门口已挤得水泄不通，只好敲墙订活。

“好。大把你稍候。”

“好。大把靰鞡你明早大毛星一起来取。赶趟不？”

“赶趟。”

“好。进屋上炕吃饭。”

原来当年，老白山张氏皮铺还管来取活订活的人吃住。他让家人煮了高粱米豆饭，大豆腐。所有来他家取皮货、马具、靰鞡的人，一律管饭，烧酒自带。这是他家的一个规矩。

张世杰办事，那是让人信得着，实惠。

他只要答应人家，就是他自个儿不吃不喝连夜也得把靰鞡给买主缝制好，送去。缝靰鞡，这是一个细活。人要用脚蹬一种专门的马凳，绳子套在膝盖上套过去，一钉一下地去缝。有不少皮铺的皮匠为了给人赶制靰鞡，一宿间就累瞎了眼睛啊。

那年月，张世杰皮铺的名声在长白山大震起来啦。

南来北往的大车老板子，往往从几十、上百里地就开始打听张家皮铺还有多远。

新中国成立后，张家皮铺归到安图县马具社公私合营。晚年，他回到他的第二故乡五峰村去了。因为他虽然活好，但没文化，不会开发票，于是才离开城市去了乡下五峰村。

提起去五峰村，这更是个传奇故事。

原来，就在张世杰开皮铺那年，有个大雪天。一大早，他推开门抱柈子烧炉子煮皮子，看见一个老头倒在外面的大雪中。张世杰是个好心眼的人，就上去踢了一脚。说："进屋！进屋睡。这样一会儿不冻死你！"

原来，这是一个进城赶集的乡下五峰村的人。他喝了点酒，就醉在张家皮铺的院门口了。

这人进了屋，本来挺饿，也想要点吃的。可一想，人家已经让你进屋就不错了，于是他上炕倒头便睡了。

谁知这时，张世杰抱着几个大饼子走了进来，说："起来吃饭。你以为我供不起你呀?"

这人非常感激，连忙起来吃完饭就睡了。

可是，这大雪一连下了三天。第四天头上，天放晴了。这人该走了。

可是他走到门口一想，不行。人家屋里虽然没人，可也得等掌柜的回来，跟人家打一声招呼，再说，在人家吃住了三天，也得给人俩钱，谢谢人家呀。

他于是就等开了。

也巧，这天张世杰是上集上收皮子去了。

傍太阳一竿子高的时候，张世杰回来了。

他进屋一看这人还没走，就气得说："天晴了你还不走，我养你一辈子呀?"

那人说："不是。不是。我是想向你道个谢。"

张世杰说："谢什么谢？你吃点睡点是应该的。都是咱们东北人嘛。给你!"说完还扔出一双靰鞡，说："快换上走吧。外边雪大风硬，别冻坏了脚。"

这人换上鞋，千恩万谢地走了。

因为这是乡情啊。这是东北人的心哪。

在东北，在长白山，谁要送你一双鞋，那是一种最亲的举动。这样的情，人是一辈子也不应该忘掉的啊。

说起来也就巧。这人叫老桦头，他有一个好朋友姓李，那人有一个姑娘叫李桂珍，那年才十四岁。他家住在五峰村。好多人家来给他姑娘介绍对象也没遇上可心的。可是，自从这老桦头去了趟县城赶集，经历了在张氏皮铺吃住的事，他深深地了解了张世杰这个人的手艺和人品。于是，他打定了一个主意。

这一天，他特意从乡下五峰村赶到城里的张氏皮铺。见到了张掌柜，他说道："你没成家呢吧?"

"没有。"

"为啥?"

"忙生意，顾不上。再说，一个臭皮匠，也没人愿意给。"

"咱们嘎亲吧。"（结亲的意思）

“谁?”

“我磕头弟兄的闺女。今年十四，比你小十六。”

“不行。我太大。”

“不行？我看上你了。不行也得行!”老桦头急眼了，要打他。

就这样，两个人哈哈大笑起来。

从此两家成了亲戚。老桦头成了张世杰的奇特的媒人。

这个故事，一时成为长白山里的传奇。

后来，当张氏皮铺公私合营，他不会开发票，没处去时，妻子就劝他说：“走，咱们回乡下五峰。”

于是，老皮匠就归了山林。

可是，他走到哪儿，手艺带到哪儿。

在五峰，他的手艺一下子又传开了。

当年，五峰是个挺大的农业社，全社和周边许多村屯的大车用的马套，都找张世杰去熟。还有，各家穿的靰鞡，都出自他的手。他停下，不行。

于是在五峰，他不得不又开了个民间“皮铺”。

谁家有个皮活，大事小情的，都找张皮匠。

一来二去，他的名声更响了。

张皮匠死后，就埋在了五峰……

……

三、走进皮匠的记忆

我决意要去长白山五峰村。我要去见证一下。我知道，这里有东北重要的皮匠一生珍贵的历程。只有走进这里，才能把这位皮匠珍贵的手艺和传奇的往事挖掘出来，讲给大家。

那时，正临近长白山区最严寒的隆冬季节。

在东北，隆冬就是三九。三九四九，棒打不走。

大风大雪整日地吹刮。雪打着转，在长白山树林子间滚动着。风嗷嗷地叫，打着呼哨，这是冻掉人下巴的季节。

要去自己出生的地方，走进父亲一生最辉煌的历程地，这使得第三代皮匠传承人张恕贵也十分激动。他和儿媳守梅在县里找了一个他熟悉的司机开车，我们便顶风冒雪出发了。

五峰在安图县明月镇东南三十七公里处，正北是通化的山城镇，正西是安图县老县城松江。就是北纬 42°123′，东经 123°42′的位置上。车子一出安图，暴风雪迎面就刮起来了。几天前的旧雪已经被长白山冬季的严寒冻硬，现在新下的大雪又被风卷起，在厚厚的雪层上飞扬着，这使得天地间朦朦胧胧混混沌沌的什么也看不见了。

在这里，长白山冬季的风雪会喘息。

这也是这里冬季风雪的特点。先是猛刮一会儿，接着，朦胧的雪雾又渐渐散去，露出盖着厚雪的土路和河道。

我们在弯弯曲曲的雪道上行走着，听着车轮碾压雪地发出的“吱嘎吱嘎”的响声，走向长白山的原始村屯。不久，一座古村在我们面前出现了。

五峰归延边朝鲜族自治州管辖，所以村口的村碑上用汉语和朝鲜族文字分别标着地名。白雪从远处延伸进村里。里面静悄悄的。

皮匠老家五峰村

乍一看，就像一座古老的博物馆坐落在东北老林子里……仿佛没有人的存在。

那一根根人家的木烟囱散发着岁月的沧桑气息，黑黑的，破旧而顽强地立在风雪之中，让人不得不相信这村落的古远……

这里家家户户都使用山里的整根树当烟囱，已形成村风民俗。千奇百怪的树木烟囱竖立着，标明着村落与别处的不同。由于这样的山村完全靠牛马运载，村子里还有自己的铁匠炉、马掌铺、豆腐坊和油坊。这是一种自给自足式的村屯。

铁匠炉和马掌铺的拴马架散发着黑色的光泽，高大地沧桑地屹

五峰村木烟囱

立在寒风之中。这时候，雪反而住了。天放晴了，但仍然寒冷无比。每家人都坐在自家的火炕上，没出门，他们都是透过结着厚霜的窗子边角的缝隙向外张望。

就在这时，皮匠张恕贵让车停下。我们走下车来，才发现眼前是一座破旧的院落。里边的一座房子黄泥的墙皮已完全脱落，一些长短和粗细不齐的檩子从泥皮里露出来，表述着岁月的久远。一根完全与别家人一样的树木烟囱，立在那里，冲天的一头已经开裂……

“这，就是我老家。”

五峰村挂马掌木桩

皮匠慢慢地说着时，我看见有闪亮的泪花从他的眼角淌出。

那泪，后来冻成了冰疙瘩，挂在老人火热的脸上。

我看见，古村老屋旧院把皮匠的思绪拉进自己的怀抱。在这个时刻，让人深感“触景生情”这个词的含义。在自己“家”的遗址前，谁不动容？

况且，那老屋、老院已不住人了。这种存在，正是保留着一种记忆……

皮匠站在那里，慢慢地回忆着他父亲——另一个皮匠。这是最能引起人记忆的地方和时刻。仿佛父亲正在屋里。

皮匠传人在五峰村

这样的地方，让往事充分地展开。

那时，他们家人口多。他哥三个，妹子两个，他是老三。从他记事时起就记得父亲“鼓捣水”（皮匠），于是他们哥三个都是跟着父亲干皮活。生产队的皮活主要是车马套具。五峰是个大社，有十多辆大车一百多头牲口。队长是个爱面子的人物，他常常叨咕：“世杰，好好扎咕车马。”

老皮匠说：“你就看好吧……”

其实就是队长不说，老皮匠也是满心眼子要让他的皮艺展露出去呀。其实，干皮匠也是有瘾，不干不行。手和脚，眼和嘴一动，就是“皮喀”。这门手艺伴随他一辈子啦。父亲被皇商和朝廷所害之事他从小就死记在脑子里。

车马牛套全是皮活，先要找上等牛皮。在长白山的五峰，什么都缺，就是牛不缺。长白山的黄牛自古就出名，个大，皮厚实，出皮子。那时皮店一是买牛皮，一是去捡去收。冬天，一张张牛皮冻成一团，像一块大铁疙瘩。听说哪有牛皮，老皮匠往往就喊儿子们：“走，掐皮子去……”

张恕贵从小就深知这活。

后来，大哥当了电工；二哥当兵去了。剩下了他，在生产队当会计，也是爹得力的皮艺传人。

冬季，牛皮冻成团，打开一张牛皮都会累出一身的臭汗。可父亲是个麻利人，他干啥不能等。什么时候进入哪道工序他说了算。为了做出五峰的车马套具，他春夏秋冬都干，而且在这里，他使得“皮艺”这个词在全村子传开，他使得五峰出去的车马成了皮匠手艺的流动宣传车。

老皮匠一旦得到生产队长的默许，你就看吧，生产队院子和更房子就成了他的仓库和皮作坊。这儿整日“吱吱”地冒着潮气，屋子里不断传出“窣窣”的刮皮子声。院子里的杆子上、墙头上，到处都挂着皮子。更有半成品马套、鞭哨、红缨鞍具，一律挑在院子的皮绳木杠上。孩子们和妇女们常常奔到这里，喊着，叫着，参观着。

山村生活是寂寞的。皮匠的皮活让生活增加了不少丰富的色彩。

一转眼，五峰村的外出车马一律换上了由皮匠亲手熟制的崭新的马具。大小鞭子换上新的鞭哨，扎上红缨和大花，一甩鞭，“咔咔”山响。

后来，老板子们也养成习俗，没有张皮匠的物不出车。

后来，左邻右屯的大车一上路，人们打眼一看，便知道哪挂车，哪支车队是五峰的。

后来，甚至周边的大车店掌柜的也总结出一条经验，离店二里地，一听甩鞭，便知道准是五峰的车来了。为啥？五峰车老板子鞭子甩出的声不一样。

真的吗？

一些老板子对天发誓证明，这一切都是真的。

还真是这样。

他张皮匠做出的皮活，特别是那鞭哨，往往选用上等的皮子去切割，再用马鞍山下的河石“撸哨”。就是端一盆石头，把皮条放进去搓。然后，红油加蓖麻籽“撸哨”。等皮条软了，再用土锯去“码”。码，就是过。一条条在凿子里“走”。然后再挂院子里阴干三个月……

据说，皮匠张世杰做的鞭哨“避邪”。

但得用过一百天。

这种鞭哨，谁家媳妇得了邪病，或让黄皮子缠魔上了，就用它一绑手指头，立刻就好。而且，这种鞭甩出的声，发颤微微的回响。特别是在冬天，在冷天。

人们，都把皮匠的手艺传神了。

可是，信不信由你。在五峰和五峰的周边，有许多人家，至今还保留着当年张皮匠留下的鞭哨，那是一块古老的皮绳儿，尽管只剩下三寸多长了。皮绳保持着灰土一样的颜色，传递着无尽的神秘。

父亲的皮艺故事，让诸多人终生难忘。

还有，在东北，在古老的长白山区，一个合格的皮匠最拿手（最熟练）的手艺就是做鞋。这里所说的鞋，张恕贵告诉我们，就是靰鞡，父亲也不例外。

那时，家里人口多，日子苦，上上下下全靠父亲的皮匠手艺维持，也欠了不少的人情。父亲的手，就像干柴棒子挓挲着。上面全是裂子。

人情，就是生活的一部分。一个没有人情的人简直就不是个人。可是欠人家人情，就得还，中国人讲究礼尚往来。老皮匠还人情只有拿出他最拿手的手艺来才行。那就是给人做一双双靰鞡鞋。

皮匠说，父亲眼“毒”。

毒，不是狠毒，是指眼睛抓人心。父亲能从对方的眼神里看出人的心愿来。

有一年，皮匠的母亲病了。村里离医院远就找赤脚医生来给人看病，赤脚医生是领着自己的女儿小琴一块儿来的。小琴那年也就十二三岁。看完病，皮匠给钱，医生说啥也不收。

是啊，屯里屯外的住着，几片药的钱，咋个收法。

临走，皮匠发现，小琴眼神儿恋恋不舍地盯着皮匠家柜上的一双靰鞡鞋，眼神中透出喜爱。这双靰鞡，是皮匠给邻村马二贵的儿子做的，马二贵和他是好友。儿子要进山拉木头，没有鞋。他利用闲空就给人家做了一双……

现在，他看出了小琴的眼神儿。

皮匠低头又见小琴穿着一双破得已露了脚指头的布鞋。大冷的雪天，姑娘脚指头冻得通红。皮匠的心中有些酸楚。他于是很随便似的问道："多咱毕业？"

"秋天考高中初班。"于是娘俩儿走了。

这以后的一个多月，儿子发现父亲很少有语言，只是不停地在做着一双"趟趟马"。那是一双漂亮的趟趟马。趟趟马是靰鞡的另一种。也是皮底，但腰高。这种鞋手艺很细，皮料要精。而且儿子发现，父亲把这双鞋做得十分精致漂亮。鞋底上还钉上两个闪亮的钉子；楦子还要挑选光滑的上；鞋腰选用红色的皮子还上了油。而且鞋脸两侧父亲还特意贴了两朵含苞待放的金达莱。金达莱是长白山里最让人羡慕的花，它漂亮，不惧严寒，常常在冰雪上开出灿烂的样子。

这是给谁做呢？父亲一直不明说。

转过夏天到了老秋，村里孩子们该升学的升学了。这天，父亲突然对儿子说："三儿，走！"（恕贵的小名叫三儿）

"上哪儿？"

"去小琴家。"

"赤脚医生小琴家？"

“对。听说她孩子考上县一中了。要外出上学了。咱们把这趟趟马给她送去。”

爷俩去了。送去了这双分外精致的鞋。一下子把赤脚医生母亲感动得热泪盈眶。要知道，在中国北方，在民间，一个能给对方送一双鞋的人，该是多么亲的关系，何况是这样一双精致到家的鞋呢？

小琴妈眼里流出大颗的泪花。她哽泣着说：“他张大叔，该叫我怎样感激你呢？”

皮匠说：“这不就外道了嘛。一个村住着，还借不上这个光吗？谁让俺是皮匠来着？今后，告诉小琴好好学习。穿坏了这双，大叔再给她做一双。”

小琴这孩子心里有数。

小琴穿上这双新鞋上县城上学去了。

后来，小琴学习越来越好。她说，不好好学习，对不起张大叔的这双鞋。

后来，小琴毕了业，考上了县师范，还穿这双鞋。

后来，小琴工作了，在县城当老师，还穿着这双鞋。许多人都羡慕这双鞋，也记住它的来历。

后来，老皮匠过世了，小琴更舍不得这双鞋。她留着呢，一直到现在，还留着呢。

在老屯，儿子小皮匠讲述父亲老皮匠时，村邻们一个一个围上来了。

“哎呀，这不是三儿吗？”

皮匠与老屯村长

“你来干啥来了？”

“快到屋……”

皮匠取出父亲的照片，递上去，给乡亲们看。其实是为了向我说明父亲在村民们和他自己心间的位置。果然，人们接过照片一看，亲切地指点着说：“呀！这不是你爸吗？看看，你多像他，简直就是一个模子刻出来的一样。”

许多村人，看到老皮匠的照片，都落泪了。往事能让人回味他人和自己，走进一种久远。

一种怀念和情感从人们的心底升起，同时引发出人们对皮匠在世时那种皮艺红火传播岁月的留恋。那真是一段奇异的岁月。五峰村的人在皮匠身上沾了不少光。他们外出时常常有人打听。哪儿的？五峰的。五峰？有个老皮匠在五峰吧？

于是，五峰人都一个一个的有些光彩在脸上挂着。

一个人，手艺好，心好，就会招人惦记着。

张恕贵说，他十八九岁那年，父亲渐渐老了，他彻底接手干上了皮活。可是，父亲的顾客太多，真是干不过来呀。

那时，这趟沟里有二十五个大队，包括亮兵台、柳条沟、老头沟、朝阳川、铜佛寺、異马子岗，许多人背着牛皮从四面八方奔父亲而来，做马具，做皮活。那时他记得，经常有人半夜敲门："老张家有人吗?"

儿子就知道，又是背牛皮做皮件的。但有时已是深秋，天凉了，拿不出手。就说："天凉了，关板了。"

可是，父亲往往从炕上坐起，说："别撵人家走。做吧。谁让咱们是皮匠来着？人家大老远来的。"

父亲一辈子，他熟人多。他这一辈子，就是打兑人情，硬累死的。而且他，对"皮子"又热心。

常常有这样的情况，人家大车本来不是来找皮活的，只是路过他家门口，找口水喝。皮匠往往端着瓢出来。人家喝水，他却直盯着人家的车马套家什。看啊，看不够。他在心底"检查"人家那套能走多远。

有一回，是一伙打石头的车路过，他给人端水。趁人家喝水，他一眼盯在人家的套上。说："秋不中了。"

老板子："是吗?"

他说："嗯。"

秋，是牲口后屁股一带的套索，很讲究韧性。秋不行，车易跑坡。

老板子说："不能吧。"

他说："过不了柳条沟。"

老板子不信："不能的事。"

那人喝完水，扬鞭就走。可是，车一过柳条沟，秋就跑了。一车货差点扣山沟里去。后来，南来北往的人，都服气了。

熟皮子，不能没有缸。

一年，他家正需要一口大缸。父亲起大早去了安图县的孙家缸窑，他相中了一口缸。

可是，没有车往回拉。老皮匠就着急。于是他自个儿找了一个背煤的背架子，一个爪上垫一个小枕头，一个人硬是把这口老缸背回了作坊。他爱自己的手艺，不让他干，他会发疯。

一年一年的，许多人背皮子找上门来。给人熟了一年皮子，有时没有工钱，给你一车柴禾，给你几麻袋苞米，就算是手工费了。那他也干，因为手艺传下来了……

手艺呀手艺，它使老皮匠难舍难离。

在五峰村，每一个提起老皮匠的人，都是以怀念的目光打量着他的后代，这使我充分地见证了一个民间老艺人的人品和艺德的魅力。

"能不能别走，你们进屋吃饭吧。看看，张皮匠给做的皮兜子还在。"

乡亲们对我们一再地挽留。

皮匠老屯

我和皮匠张世杰的后代，第三代传人张恕贵各家门口院口走着，站着。我们体会着从前的岁月，让风和村子里的一切都来见证，见证一段岁月的存在。

那是一种实实在在的存在。

作者与皮匠

小狗也从柴草垛后探出头来，看看这皮匠的后代领着什么样的“生人”进村。它知道从前的故事吗？那些发生在它住的村里的故事？那些包括它的传承的一些举动，包括这个地方发生过的一切，包括它现在的一些习惯？

鸡们，可爱地蹲在院子里的木架子上。鸡们倾听着这个山村久远岁月之前的故事，传递着一种历程，也记录着岁月的形态。也许，老皮匠在世时，鸡们正是这样度过那些岁月。鸡们的姿态传承着一种对这里生活的思索。

在一堆土灶前，人们停下了。这是皮匠从前烧炉子煮皮子时用过的相同的土灶。也许是村里别人家的，但是一样的载体，传承着皮匠从前生存的岁月信息，让人进入深深的回忆之中。

那里有一种北方皮艺的气息，浓浓地升起来。那种气息飘荡起来，弥漫在长白山的空间之中，把一种久远的人类珍贵记忆传布开。我们停在这里思考着人类遗产的传承方式和印记结果，我们设法在心底让文化生动并且复活。人的心灵其实就是一台计算机，它一旦启动，就能唤回久远的记忆，并且贮存在心灵的深处，久久地鲜明着，不会模糊和淡去。

四、走进鼓作坊

张家如今熟皮子作坊离县城他家的住处不远，就在住处的斜对个。那是一个纯粹的皮作坊。远远的，就能看到各种皮鼓面贴在门里门外的墙上，还有一些贴鼓的木板子，也摆在土道两旁，很有一番皮铺的风味……

甚至连空气中也飘荡着鼓和皮子的气息。

在这个干燥的冬日里，长白山皮匠人家的生活味道，在冷风中飘荡，给人一种特别的感受。

这时，皮匠领着一家子人迎在了门口。

皮匠全家

眼前这四人是两代传人。中间的是第三代传人张恕贵和妻子；两边是第四代传人张海顺和妻子赵守梅。看着他们，我觉得自己被一个故事包围着，也被皮鼓包围着。我也成为这个奇迹故事中的一个情节。

民间每一个奇迹的诞生，都会有一个根脉。

如今，我已去过了五峰，走进了这个张氏家族的第二代传人的记忆之地，老人如今已经故去了。他如果活着，今年正好一百岁。

春风在旷野上吹刮时，那是熟皮子的季节。风中飘荡出一种苦涩的味道，那是生活本身的味道，是皮铺作坊里飘出的生活气息。

四野静静的，只有味道是活的。

东北的早春还十分的寒冷。黎明前，公鸡在黑暗中就开始鸣叫。那声音仿佛在飘荡，更加衬托出夜的深静。还有，就是声音的远近。许久许久，天放亮了，皮匠的一天也开始了。

作为百年皮匠的第三代唯一传人，像父亲一样，头一道工序，先进皮子，收皮子。

收皮子

收皮子，进皮子，就是到头几天早已定好的有皮子的人家去取皮子。取皮子，还不如说去验皮子。

验皮子，是皮匠活计的头一道工序。

所说的验皮，是要对别人送来的皮子逐一打开，一一验证。是否是新皮，不是腐皮；是否是整皮，不是残皮；是否是好皮，不是破皮。同时也要验证是否是所说的那种动物的皮张。

从十几岁起，当他爹在五峰村渐渐苍老，家里皮匠一系列活计就都落在他身上了，特别是他爹的手艺，他不知不觉地捡起来了。

“文化大革命”时，爹彻底老了。手艺也就扔下了。

后来，张恕贵在大队当了11年书记，1985年抽调到乡政府在企业办当主任，后又在胶合板厂当厂长。可是，无论他干什么，常常遇上人问他：“三儿呀，你爹的手艺，你还会不会？给俺熟张皮子吧……”

在山区，特别是在东北有黄牛的长白山里，山里人养一头牛不易，有时牛生老病死或屠宰场剩下许多牛皮，可是由于没有了皮匠，只好眼睁睁地看着皮张发臭发烂，最后扔掉了。过日子是需要皮匠的。

特别是有一次，张恕贵上延吉办事，在火车站他听两个朝鲜族“道木”（人）唠嗑。大意是一个急着去韩国买鼓皮子，可是后来外汇不凑手，急得直掉眼泪。

而且，常常有一些老人，背着皮子找上门来。听说张家没有工具，也熟不了。走时往往叹了口气，说：“唉！要是你爹活着，他说啥也不能让我把皮子背回去……白瞎了一张狗皮两张兔子皮！”

五峰村是个热闹村，村里年年扮秧歌。

可是那一年，秧歌队的腰鼓坏成了一批，硬是没人能修。

许多人自言自语地说，唉，要是张皮匠活着，这鼓能坏成这样吗？完了，现在一切都完了，张皮匠不在人世啦。

眼前的一切一切的事，让张恕贵萌发了一个想法。

2003年，长新乡合并到明月镇，有一个政策下来了，说一个人只要有三十年的工龄就可以退。于是他退下来了。心眼儿里，却是往父亲的手艺上使劲。

村里扮秧歌的前几天，他回到了五峰。果然，村里许多鼓都坏了。他记起父亲教他的“修鼓手艺”，两个下晌，几十面鼓就都修好了。村里人乐得直蹦高，皮匠又回来了。

张恕贵决定恢复父亲的“老白山张氏皮铺”。决心一定，他就奔了延吉。

延吉，土名烟集岗，是延边朝鲜族自治州的首府，这里就连空气中都飘荡着美妙动人的朝鲜族鼓声和音乐。一响起朝鲜族鼓乐，这里许多人的肩头往往便不由自主地颤动。他走进一家卖鼓的商店，一打听，鼓皮子相当紧张，没有货。

他对人家说：“我会做。”

那人瞅了他一眼，鄙视地说：“瞎说。”

“瞎说，我家三辈子的手艺。”

那人见张恕贵说得如此认真，就给他介绍到和这个商店合作的一个专门做朝鲜族鼓和乐器的工厂见人家。开始去人家以不信的口气对他说，你说你行，你先做两张试试吧。

“做就做。”张恕贵就归家了。

回家后，他立刻买来大缸，买两张牛皮就熟起来。熟好了，割了，带上样品，又去了延吉。人家一摸一看，连连叫道，真行啊，和韩国的皮张没什么两样啊。但是，这家的用货规模太小，那家老板也看出了张恕贵的心思，于是给他介绍到了当时朝鲜族民族乐器厂的厂长那里。几天后，他带着牛皮去了。对方一看，立刻同意，并直接和皮匠签了合同。因这时，张师傅已从电视中得知，延边的乐器制作已成了国家级的非物质文化遗产了，没有鼓皮子的制作恐怕也算不了完整的遗产吧，于是他和当时民族乐器研究所的赵主任直接谈了此事。人家看了他的“皮货”，直接辞退掉韩国、河南、河北几家小作坊的鼓皮货，每年订作300张鼓皮的合同就和张恕贵签下了。

父亲如果活着，他该多乐呀。父亲乐时的样子，甚至声调，都在他的心底出现了。

儿子想，该让老父亲在地下乐一乐。

验皮子是他的拿手活。但早春天冷，皮子冻成了一个死疙瘩，要一点点掰开。开验。

开验，要用手去感觉皮子的湿度。再用鼻子去嗅皮子的气息。验皮有很多讲究。验好了，才能装回袋子里。

一早上，他跑遍整个街道、市场，把收回验好的皮子，一包包地背提回来。

他拎着背着一包包的皮子在土道上走。小孩都认识他：“张皮匠！张皮匠来了。”有时候，妻子、儿媳也帮他去收。

作坊里，加温的炉灶已经点上了火。

屋子在一夜间已冻得邦邦硬。在冬季的东北，皮匠作坊泡皮子的缸和盆子里的水都生了冰石。皮匠的第二道工序是泡皮子，泡皮子是需要温度的。

验回的各种皮子在下缸前要进行挑选，不同的皮子下不同的缸。

鹿皮薄软，在一般的盆里浸泡便可以了。

动物皮张

狐狸皮、山狗子皮和狸子皮往往打卷，貂皮发硬，要先用冲汽熏开方能下缸。

只有宽厚的牛皮，才能投入一口口的大缸中长久地去浸泡和脱毛。

我看见许多冻得一团一疙瘩的牛皮堆在他家的院子里。雪和霜挂在上面，叫人一看都浑身发冷。真不敢相信，这样的东西会变成一件又一件美丽又漂亮的服饰，或者变成一件乐器，发出动人的声响，给人以一种幸福和快乐。

鹿　皮

鹿皮又要分不同的种类。

如马鹿和犴达罕，它们的皮质厚，毛密长，一般的情况下也要投入到大缸中去浸泡。

浸泡开始时，先将皮投入到泡缸中要让皮张沉入水中。这时要放入石灰和硝，它们产生一种化学作用，把皮子上的毛“拿掉”。但是从前，特别是张世杰皮匠在世时，他所采用的是“树胶”脱毛法。这种办法是东北长白山区人的一种独创。在《长白山江岗志略》(清·刘建封著)有更加详细的记述。各种树所产生的胶脂对不同皮张在浸泡时的作用已有明显的实践。

在今天，也只有张恕贵掌握着这种古老而天然的熟皮技艺。

张氏皮铺作坊里生产鼓面是“一条龙”。

这里所说的一条龙，是指从皮子的购买，到熟制、刮毛、浸泡、切割、晾晒等一系列工序全由自家去完成。在这里，我见证了这系列的皮铺生产作业的完整过程。

我到达他家时，正好见一老乡来送皮子。

老乡送皮子

那是一张牛皮。因天寒，已冻得梆梆硬。皮铺的第三代传人张恕贵和乡亲两人用脚踩着才勉强地打开。接下来，我走进作坊，见张师傅的老伴正在点炉子生火，让屋子里的温度上来。他的儿子，也就是张氏皮铺的第四代传人张顺海正在刮皮子。

树胶脱毛，其实来自于一种古老的原始手法。而这种手法，从前长白山区的皮匠都使用过。除了清朝安图县令刘建封在他著的《长白山江岗志略》中对这种做法早有记载外，日人和俄人也有许多关于长白山树脂脱胶法，可见那时东北已经普遍地选用，但具体做法却没有传下来。

做鼓和做其他皮件一样，首先要熟皮子。

熟皮子，就是用石灰料，放上硝水，将皮子在溶器里浸泡，

“拿”去兽皮上的毛。这是熟皮子的头一道工序。

我看见，一口口大缸，大盆，放着正在浸泡的皮子，摆放在屋子的角落里。

泡皮子大缸

皮子上的毛一旦被“拿”掉，接着就要刮去皮里子的厚肉。这是最累的活。往往要反复地泡，反复地刮。这是力气活。所以说皮匠是又苦又累的活计，这话真是一点也不假。

沤好之后，就要开刮。

刮皮子是皮匠的主要活计。

将泡好的皮子捞出后，先放在“庆子”上。

庆子，是一种木凳，也称“刮凳”。这种“庆子”可高可矮，可长可短，完全根据所要刮制的皮件去调整庆子。

用刮刀刮去皮子上的毛，刮净后，再放入水缸里，称为“赶灰”。

熟皮子

赶灰，这种“赶”，是指使用清水加灰料，一点点拿去皮子上的土，使之更加的白净好使。

赶完灰，就开始晒皮了。

一般是采用钉、挂两种办法。

钉晒法，是将皮子钉在墙上去晒，让日光和风将皮子拉干。

另一种办法，就是将皮子钉在木板上，把板子抬出去，在院子或草地上晾晒。

做鼓的皮子大约得经过十几次的刮和平，然后切割成不同鼓面的大小，固定在木板上晾晒。

这种鼓面皮张固定法是使用一种特定的钉子，在相距大约两厘米的鼓面上一一钉下去，使鼓面皮子完全绷紧。钉这种钉子，要完全掌握好要求，并需耐心。

钉时，手不能偏，距离要把握好。

晾　皮

晒熟皮

而且特别重要的是，钉子要直上直下地立着，不能有丝毫的偏歪。不然，干后的鼓皮就会起棱打卷，一张鼓皮就废了。

钉鼓皮

不但钉时要求严格，起钉时更要仔细。

起钉，是指鼓皮经过钉在墙上或木板上几天的晾晒之后，要起钉收皮。这里起钉的人必须会“腕”劲。

这种腕劲，是指用钳子对准钉在皮张上的钉子，要一下子拔出，千万不能左右晃动。

晃动拔钉法是最危险的起钉法。

因为一旦你取钉时拔不出，就像平常一样靠晃动拔钉去起，会使钉子的孔在皮子上留下过大的窟窿。这样一个不起眼的洞，一旦蒙在鼓上，鼓音便会变味儿。

鼓的皮张最讲究的就是缝隙要求要准。

所以钉钉和取钉的手法是非常讲究的一种操作法，皮匠必须懂

制好的鼓皮

得这一点。

熟好皮张，制完鼓面，要一摞摞地取下来，放在小仓库里阴晾，但不能潮。

皮铺都有一个这样的小仓库，专门贮放成形的鼓面和皮件。

我进到他家的皮货库房一看。呵！一摞一摞的成货整齐地堆放在那里，真是让人大开眼界。

太漂亮了。

不知道的人往往不会以为这就是一张张“鼓”面，还以是山区人常吃的那种大煎饼呢。而且是那种“刮”煎饼。山里人有制这种食品的专门的手法和工具。这真是以假乱真。

做好的鼓面，要由皮匠父子两人背着，送往首府延吉，由那里的乐器制作工厂再制作成各种鼓。有时他们工厂也派车来取。总之，看到这一张张“皮子”，想到它们都将会变成一面面鼓，能敲打出动听的声音让生活更加美妙，这时候的人就会对这些皮张更加地刮目相看，并对这户皮匠更加地佩服。

第二章 皮匠工具

皮匠活是离不开工具的。其实人类的智力发展的标志就是发明了工具。工具是一种凝固了的文化。

皮匠所使用的工具，一般包括这样几种：大缸、锅灶、灶台、刮凳、刮刀、钝刀、刮子，等等。同时根据做马具还是做靰鞡工种的不同，还要分出鞭车子、撸哨板、抽条、罩子、割皮刀、片刀、钻子、锥钉，等等。

一、大缸

皮匠熟皮子，离不开大缸。这种熟皮子缸用来泡皮子，所以一定是那种敞口缸。这往往是一些缸窑上特殊烧制的用具。

沿厚，一般要矮一些。便于人们“投皮”和“捞皮”。

每个皮铺要有诸多这样的大缸，具体数量要看作坊的规模。一般十来个工人的作坊，要有二十几口大缸，但是如果有二三十人的大作坊，就得拥有上百口这样的大缸了。

缸又要分出不同的样子摆放。

大　缸

泡皮缸，可以稍微高一些，摆放在作坊的一角。但投皮子缸，要那种稍矮一些的，要放在作坊中间那些好干活的地方。

因为投皮子要不停地直腰，得甩得开，还要抡得开才行。

缸是皮作坊中的主要工具。

二、刮凳

刮凳是皮匠熟皮子的主要工具之一。

这种“凳”，一头有腿，一头搭地，整体形成一个下坡。皮匠将泡好的皮子捞出来，顺势搭在上面，让皮子铺展开，以便刮时能使上力气。

在刮凳上作业

由于刮皮是皮匠的主要工序，在这种凳上刮，刮刀顺着往下使劲，比较省力气又刮得均匀。

刮皮子的工具——庆子

三、刮毛铲

刮毛铲主要是用来刮去皮张上的毛。

当皮子泡到一定程度时，毛皮开始发松，这时人要及时除毛。这种刮毛铲可以顺利地将皮上的毛和毛根去掉。但不伤皮。

刮毛铲要有皮匠好抓握的把手才行。

为了便于使用，刮毛铲又分几种。一种是直把，可以在毛集中的平面皮张上使用；一种是双把刮毛铲，可以双手抓住弯把，双肩用力去铲毛。

还有另一些刮毛铲。这些刮毛铲各有各的用处。

从前，这些工具由铁匠炉打制，但也有一些巧手的皮匠自己制造。因为在生活中一些工具往往是他们根据别的工具改制的，用起来也顺手。

四、皮铲

皮铲主要是用来铲去皮上的厚肉。

铲，这个词很形象。农人铲地，是将地中的草铲去。而皮铲是铲去皮子上的毛和多余的肉，使皮张更加地均匀，薄厚相宜，便于制物。

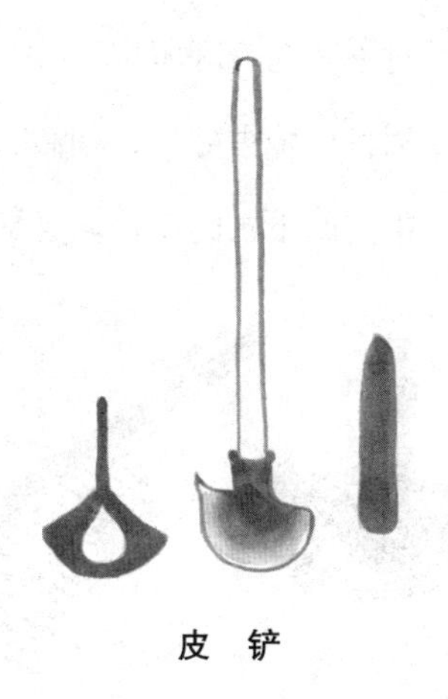

皮　铲

皮铲也分长皮铲、短皮铲、三角皮铲，等等。

长皮铲是一种长把的皮铲，主要是铲那种肉老而厚的皮子上的肉。因为怕使不上劲儿，所以将木把加长，皮匠可以站着去铲。

短皮铲，一般手握工作便可，主要是针对那些皮张上的边角部位进行工作。

三角皮铲，专门对付那些皮张上的角落，腿脚、脸窝、脖颈和皱褶一带，以便去除多余的肉质。

五、皮梳

皮梳是一种专门梳理皮毛的皮匠工具。

这一般适用于“红皮匠”。

红皮匠，是指专门制作皮袄、皮帽子的皮匠。当皮匠将皮子上的多余的肉都刮制好后，皮梳该派上作用了。

它是对有毛发的一面皮张进行整体梳动所用。这种皮梳又分出不同形状，完全是为了对不同的毛区所用。

直的皮毛部位，使用直皮梳去处理，稍微有些弯典的皮张部分，便使用那种中间鼓起或中间凹下去的皮梳。真是物尽其用。

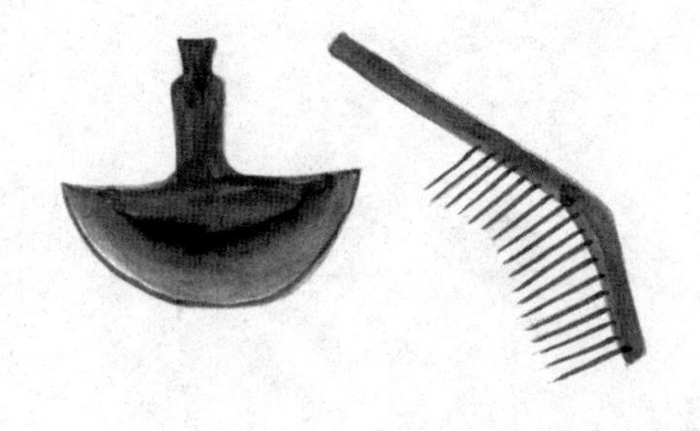

皮　梳

六、刮刀

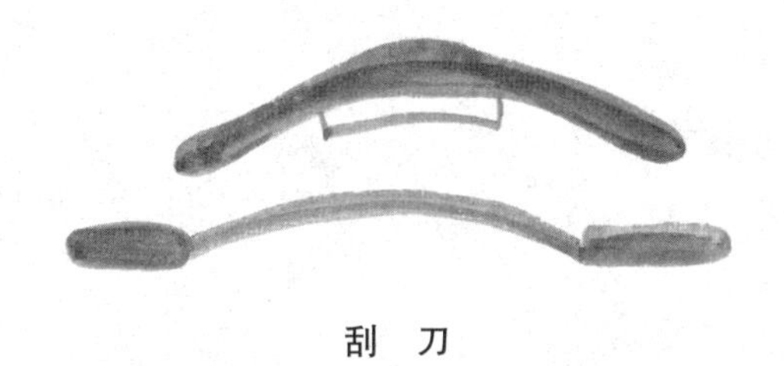

刮　刀

刮刀是皮匠的重要工具。

刮刀可以是千奇百样，这往往根据皮张的不同和便于皮匠们使用起来顺手而被制作出来的。

如牛角刮刀。样子很像牛角，因而得名。这种刮刀主要用来刮取皮质上非常不易刮到的部位。

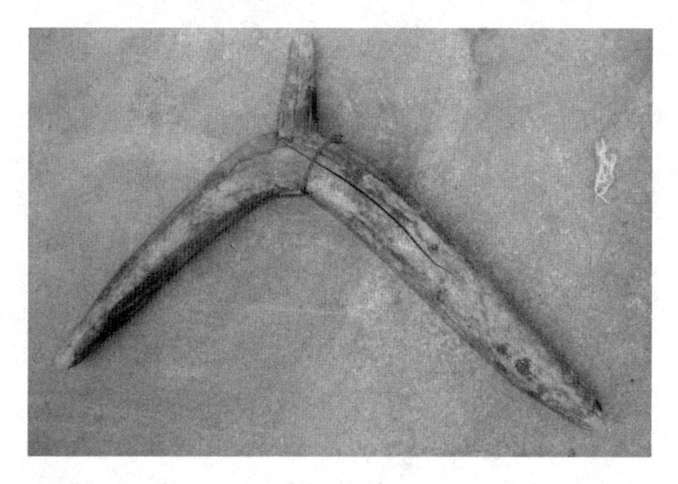

牛角刮刀

这种牛角刮刀十分古老而珍贵。

这是张恕贵父亲张世杰留下来的一件古老的牛角刮刀。刀具已不存在，但刀把还保留着从前的样子，那是用一根现成的树丫做成的。

这种老刮刀架已经有一百多年的历史了。

刮刀的样式五花八门，还有“驴蹄刮刀”和“三角刮刀”。

驴蹄刮刀

驴蹄刮刀，顾名思义，是说它的形状酷似小驴儿的蹄甲。粗把，弯刀。这种驴蹄刮刀专门用来剃除皮上边边旯旯，用在多毛肉厚部分。

三角刮刀，是对付一些不易到位的皮张上的部分所用。

还有一种刮刀，被称为“滚摆刮刀”。

这种刮刀往往是三棱、四棱、方棱等不同形状，是为了在皮张上以滚动的方式边压边刮。

还有一种刮刀为“片角刮刀”。

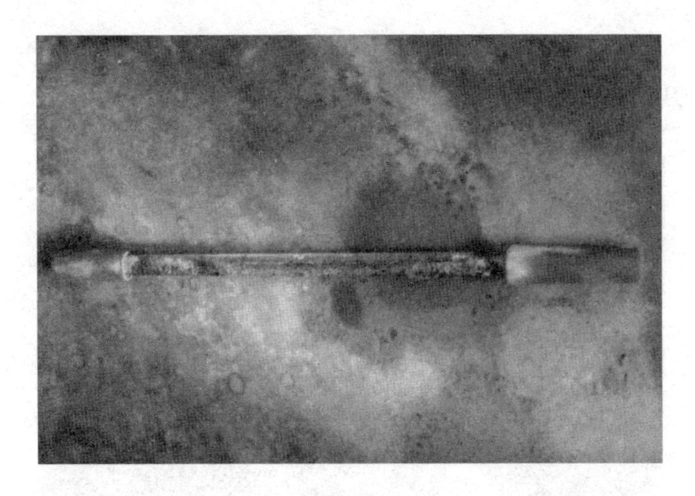

滚摆刮刀

片角刮刀酷似战场上的弯刀，又有些镰刀的弯度。是处理一些皮张皮质上的弯眼、毛洞处所用。

七、裁刀

裁刀，又称裁皮刀。

这种皮匠的工具往往是在皮子已经熟好，需要裁剪时使用它。

裁刀是一个刀架固定在一起，中间弯成一定的弯度，使刀架微微带些弹力。使用时，皮匠根据取皮大小、长短、厚薄，上下用劲，一齐使用。

裁皮刀可以起到刀剪并用的作用。

同时，裁刀也能用它来切拉皮张。有时这种刀可在已割开的皮子缝里走，将皮子“豁”开。所以这种造型的裁刀是和它的用途分不开的。

八、晾凳

晾　凳

晾凳是皮匠们用于搭晒皮张的长凳。

这种凳子有点像木帮们上跳时的“卡凳”，但没有卡凳那样多的种类。它们只是四条腿，中间有长长的空间，以便搭晒皮件。

在各家皮铺、皮作坊的院子里，像这样的晾凳很多。有高有矮，有长有短，有粗有细。作用不同，所晾晒的物件也不尽相同。

九、砸床

砸床是专门制作鱼皮物件的工具。

从前，北方民族许多部落都穿鱼皮制品的衣裤，所以皮匠中就出现了专门制作鱼皮物件的工具。

这种工具，被称为砸斧和皮梳。

砸斧是为了砸鱼皮，使其松软。而皮梳是用来在皮子上上下滚压，使其平展，好铺裁。

说起来，还有一个关于鱼皮服饰的故事。

砸 床

传说很久以前，有一个赫哲族打鱼的小伙子，从小没爹没娘，一个人靠打鱼叉鱼为生。一有空闲，他就弹起口弦琴解解闷。

说也奇怪，每当他口弦琴一响，随着那嗡嗡的响声，树林子里的梅花鹿、江里的鱼虾什么的就都竖起耳朵听。

一天，小伙子又弹起口弦琴。突然，江里一条鳌花鱼跳进了他的船舱，小伙子就往船舱里添了些水把它养了起来。晚上，鳌花鱼给他托梦说，如果你想法弄到大鳇鱼的离水珠，我就能变成一个大姑娘和你过日子。

这梦，一连做了三次。

第二天，小伙子用口弦琴声真的把大鳇鱼引出了水面，并且用大网罩住了它。他迅速取出离水珠送给了鳌花鱼。鳌花鱼一口就吞进去珠子，立刻就变成一个美丽的姑娘。小伙子高兴地与鳌花姑娘拜了天地，坐了彩船，当晚就合房成了亲。

有一天，当地的一个巴彦玛发（赫哲语，是财主的意思）看见了鳌花姑娘，当时一愣。他问小伙子："这是谁呀？"

小伙子说："我媳妇。"

巴彦玛发想了想，对小伙子说："你欠我的债还没还清呢。明天马上还。不然就得用你媳妇顶债！"

小伙子愁得直掉眼泪。

可是鳌花却说："别上火。我有办法。"

第二天，鳌花从江边捡回一袋沙子，用那宝珠一照，沙子立刻变成了金子。她让丈夫背去给巴彦玛发还债。

巴彦玛发一计不成，又生一计。

他说："你回去，让你媳妇给我做一件鱼皮衣。"

"鱼皮衣？"

"对。"

"要一百条鱼，缝成一件。三天后做不出，你就得上我家去干活！"

小伙回家跟媳妇一说，谁知媳妇却说："别愁。明天给他送去。"

当天晚上，鳌花姑娘去江边走了一趟，一件百条鱼皮缝制的鱼皮大袍真的拿回来了，而且，袍子上的鱼头眼珠子还动弹呢。第二天，小伙子拿上这件百鱼衣送到了巴彦玛发家。

巴彦玛发穿上一试，正合身。可是只见百鱼衣上的一百条鱼全都张开了嘴，你一口，它一口，不一会儿就把这个坏心眼的巴彦给吃没了。从此，这个地方没了巴彦，人们过上了好日子，而且鱼皮衣服也就流传下来了。

这是一个故事，但也说明做鱼皮衣的工具看来在久远的生存岁月中已经有了。

十、钻子

钻（zhēn）子是东北皮匠在皮子上打眼用的工具。

钻子，是一块四四方方的铁块子，上部圆形，底上有两个圆眼，上下均可使用。

在遇到比较硬的兽皮，特别是要准备在皮质上某个部位打眼时，就将皮张按在钻子上面，再用锥钉在上面打穿过去。

钻　子

这是长白山张恕贵皮匠家祖传的老工具，已有一百多年的历史了。

十一、钻针

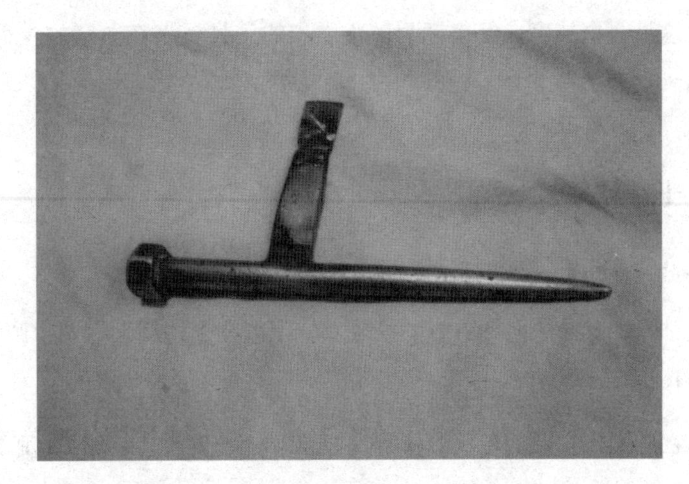

钻 针

钻针，就是专门在钻子和皮质上扎眼打洞用的皮匠工具。

在皮匠的皮活之中，其实时时需要工匠对皮子进行各种不同处理，包括打眼、钻洞。特别是加工即将制作鞋子、皮套、马鞍套和各种生产生活用具的皮子时，钻针就派上了用场。

这也是做车马套具车店和皮作坊店铺不可缺少的工具。这是范家屯白皮匠白大爷家的皮匠工具。

十二、锥子

锥子是缝靰鞡用的皮匠工具。

许多锥子往往是皮匠根据自己的喜好和样式自己做成的。有的把粗，有的把细，以使起来顺手为限。

有了锥子还要有“锥库”，就是平时将锥针插在里面，以免别人不注意碰上伤人或伤工具。

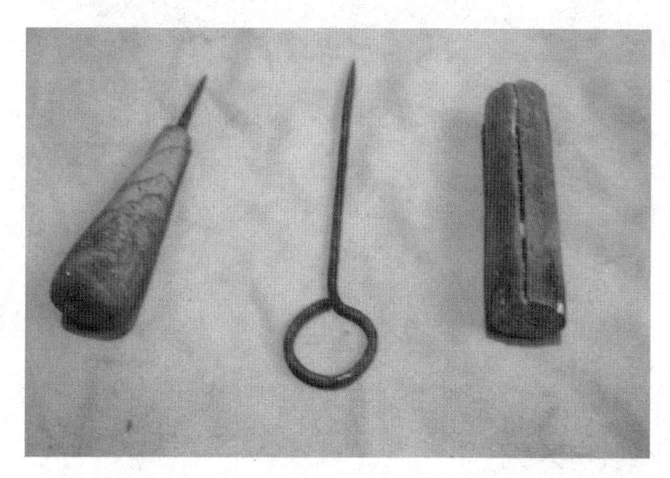

锥　子

这一套工具是白皮匠的宝贝。

那一根锥子是张皮匠家的传家宝。

十三、鞭车子

鞭车子，是做马具的皮铺必备的工具。

鞭车子是一个木把上带一个主轴，两侧各有一条相等的铁边，形成了一个竖正方形，稍微有点大头小尾，上端的两侧铁形成勾状，向下弯曲，以便勾哨。

勾哨，主要指勾竹条，使其缠绕在一起。

这是打鞭杆时必备的一种工具。

从前的皮铺车马具店铺，必须要会打鞭杆。这就需要这种鞭车子去完成。

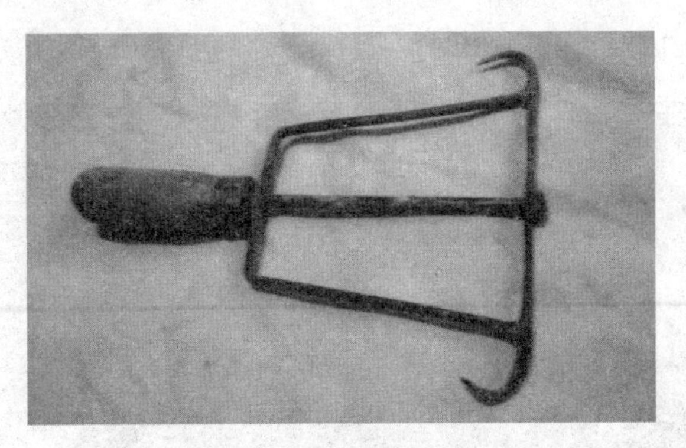

鞭车子

十四、套勒子

套勒子

套勒子是一种专门制作车马工具的用具。三块板，两长一短。当皮绳绑在上面时，一紧一实，就使皮子成形了。

套勒子可粗可细，可上可下。这便于绳套在上面滑动，把不同尺寸的皮套勒制出来。

这是范家屯白皮匠家世传的勒子。在张师傅家里也有。那时存放在五峰村生产队之中。

十五、靰鞡楦子

东北的靰鞡，全用牛皮做成。

做好后，要用靰鞡楦子充填在里边，以便使靰鞡保持形状。

楦子是木制，多选山里的色木、桦木来制。

一双靰鞡要分别打进五块楦头，放一定时间才行。

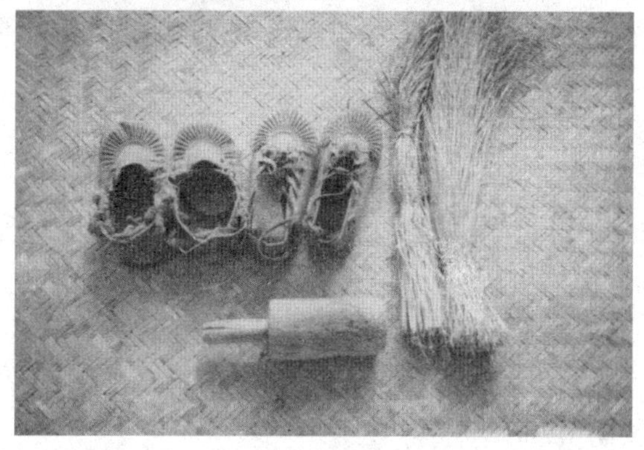

楦鞋工具

楦也并不一定都同时打进。要分靰鞡形状，分别采取不同的楦子去校正它便行了。使楦做楦叫“砍楦”。这是一种完全通过技术才能制成的一种“木制”皮具。

十六、土灶

东北土灶

土灶，是用来熏烤皮张用的。

皮子，特别是做靰鞡用的皮子，往往要经过熟制和熏烤。

熏烤，是为了让皮子发挺，有张力。烤时，要用这种特殊的土灶。

这座土灶由于年代久远，已遭到破坏。正经的烤皮子灶，上部要有小眼孔。用时将皮子卷好，塞在里边，上面压土，旁边加谷草。点燃草后，由于灶里不完全通风，因此灶里光升烟，不起火。是用谷草的烟来熏烤皮张。

这种皮灶烤出的皮子，不起虫子。皮质发硬，好下裁刀。好使。

东北熏皮子的土灶已成为珍贵的皮文化遗产留在了人类的手工

艺文化史上。

当然，皮匠的工具还有很多。如锛子、刨子、锯、斧子、木锉、剪子、海泡钉、秋皮钉、锤子、亮油、石头、各种颜料、钳子、毛刷子、砂布、乳白胶、水胶、拍刷，等等。

如果做鼓，还要有木板、柳木板、圆枣腾子、铜线、铜铁圈、皮条，等等。

另外，每个皮匠都不能少的要有围裙、手套、刮子、庆子、大缸最少2个、石灰、土灶等。这里所介绍的只是作为皮匠一般常用的主要工具情况。

第三章 皮匠作业的主要过程

皮匠，又分红皮匠和白皮匠，也叫“红皮桌”“白皮桌”。红皮桌，是指带毛熟。就是一般的皮袄、皮帽子等皮活，是指把皮子熟软，但毛还要留下。红皮桌也包括用谷草熏皮子来做鞋的一种。白皮桌，主要是把毛熟掉，剩下一张皮子，然后做鞋、马车的套具什么的。

但无论是红皮桌还是白皮桌，一般的皮匠作业都要有这样一些过程，包括收皮子、沤皮子、刮皮子、割皮子、冻皮子、炕皮子，到最后送皮货卖皮货等过程。

一、收皮子

在中国北方，当严冬到来，从前各家皮铺皮匠就开始四处收购皮张了。那时的收购，往往是套上大车或者爬犁，到外村子去收。

收皮子的大车一进屯子，皮匠先喊：

“皮子——！”

然后敲打一种收皮“梆子”。

这种梆子，是一块一尺长的木头，中间空心，有一个木把。左手握着，右手敲打。梆子发出“啌啌”的响声，各家各户就知道收皮子的来了。

许多皮铺的掌柜都和村民熟悉。一般的不要现钱。一张普通牛皮从前也就十块八块的，到第二年的开春，皮铺统一给钱，或者给一些“物件”。

物件，主要指靰鞡、皮袄、皮筒子、皮套具，或者也有要一两张熟好的皮子的，自己回来割着使。

收皮子还包括农家和山民自个儿背皮子送来。有的是让皮铺给熟个皮张，自个儿用，有的是卖给皮铺，这叫散户。

皮匠收皮子

大户的皮张户主要是屠宰场和屠宰主。这主要是一些清真户和回族牲畜屠宰加工厂。他们的牛皮多。有时，他们自己套车送来，或者通知皮铺自己用车去拉。

到山里收山牲口的皮张称为进山拉“大毛”。

那往往得事先套上爬犁，赶上牛马进山去，专门找山里的皮货庄，和那些掌柜的讲价。但一般的情况下，收皮子的皮铺掌柜的愿意自己联系猎户，去他们的家或者窝棚里取皮张。

山里人家的皮张

从前山里的人家有许多闲着不用的皮张。

这一是山高路远，他们也没空背出来卖，二是他们一年一年地待在山里，也不知道价。

这时候，就全靠皮铺和皮匠自动找上门来收皮取皮。

收皮子要会看着验货。

主要是看什么时候“下”（剥）来的皮子。

时间的长短，皮色的等级，什么动物的皮张。再就是看存贮的地方。

许多人家和猎户，不会贮皮子。往往向地上一扔一堆，这样容易腐烂或被虫蛀，又破坏周边的水源。

最好的保皮子方法是挂在墙上、草垛上、车架子上或院子里的墙头上。山里的“墙”都是那种木头杖子，通风干燥，不贴皮子，不起虫子。

一般的收皮子往往都是皮匠自个儿亲自出马，他可以直接把关，直接验等收购。

一两张的也收，这叫积少成多。

然后拉回作坊。接着就开始沤皮子了。

二、买缸

沤皮子，首先需要大缸。

皮匠在动手之前，要先去缸窑挑选缸口。

在东北平原，生产大缸的窑很多，但最多最出名的就是吉林永吉县的缸窑了。这处缸窑始建于明永乐年间，距今已有四百多年的历史了。

这儿出的大缸，最适合北方的皮铺沤皮子和东北的酱菜厂淹咸菜。

因为这儿的泥土含沙碱，易凝结。烧好再涂上亮油，大缸远远地看去，就像一片亮闪闪的彩冰在大地上放光。

各家甚至用缸夹起了缸杖子。

沤皮子的大缸都是一些上好的缸。

这种缸，缸口要厚实。顶部油花要刷得均匀，不起层子，不露砂眼。

缸的底部要加厚。

买　缸

沤皮子最费缸底子。特殊的沤皮缸底子上要加厚五寸，使这种老沤皮缸坐得稳，立得平，不至于干起活来摇动。

冬天一到，是皮户们用缸选缸的黄金季节。各家皮匠奔往窑上，选缸运缸，一片忙碌……

选好的大缸放在一起，等着马车或爬犁来，一块儿运回去好开沤。

三、沤皮子

提起沤皮子，让人想起“沤麻”。

东北有一首歌谣唱道：

身穿绿袍头戴花，
我跳黄河无人拉。
只要有人拉起我，
一身绿袍脱给他。

这说的是把绿麻投到村边大坑或泡子里去浸泡。泡烂后，才能把麻皮剥下来。

沤皮子和沤麻一样，不同的是，皮子是要用放入硝和碱的水去浸泡。这才能“沤”。

沤，来自于古代人们对自然的了解和认识。沤皮子，要先分各种不同的皮张，然后放入不同数量的“药”——就是硝和碱，去拿毛。

沤皮子

拿毛，就是去毛和褪毛。

因为皮匠的主要成品往往是鞋、车马皮套、生活的各种皮具、鼓等东西。这种皮件统统要“拿”掉皮张上的毛发才行。而硝和碱的作用，就是去皮子上的毛根。

东北民间的土硝和土碱，都是这方面的最好的料。皮匠们往往从山里取来这些东西，撒入大缸之中，然后开熟。

熟，其实就是泡。把皮子在里面泡上几天几夜，甚至十几天十几夜，毛才能渐渐地掉光。这时候，皮匠的另一道工序就开始了。学名叫“开刮”。

什么时候开刮，主要看天气了。

如果天气好，泡上24—36小时就可以了。

皮匠要在“热锅”中硝水翻皮子。叫顶着“药”翻。

这种翻动，要快要均匀。

四、开刮

开刮，又叫刮里子。

是指用刮刀刮去皮张里子上的腐肉之类。

皮子经过长时间的沤，毛发已被硝和碱拿得差不多了，而这时皮子的里子上，那些肉呀、脂呀，都已经潮涨，如果不迅速刮去，将会影响熟皮子的进度。同时，皮子的质量也会受到影响。

因为那些油脂和皮肉一变质，皮子也便会跟着失去了皮子应有的作用，所以要快些将这些东西除去。

这时使用的是一种天然的森林中的紫胶来把皮子里上的油脂去掉，加上人工的刮，才能逐渐地清除皮子上的污物。还有就是皮子上边的毛根，有时很硬，没有泡尽。硬刮，容易刮坏了皮子。怎么办？就使用一种山紫胶去毛，也就是人们常说的山核桃皮和果实。

开 刮

连泡带刮，让刮里子刀赶着走。

这时的刮是头一遍刮，接着还要有二遍，三遍不等。但每一次的刮法、泡法相似。这中间，还要经过“脱灰”。

五、脱灰

所说的脱灰，是指在泡和刮里子阶段，一些硝、石灰等杂质都沾在了皮子上了，要去掉这些“灰”。

另外，经过几天的浸泡和刮里子，皮子上的一些杂质——灰土也出来了。要“脱”去。

脱灰主要用水，加上一些天然的树胶，才能去净。

这种树胶，就是树汁，往往是山里的核桃树、苦丁香、山李子等。这种树的树皮、树汁经过泡取，这种水经过沉淀，用来脱灰是最好的。古书上已有记载。

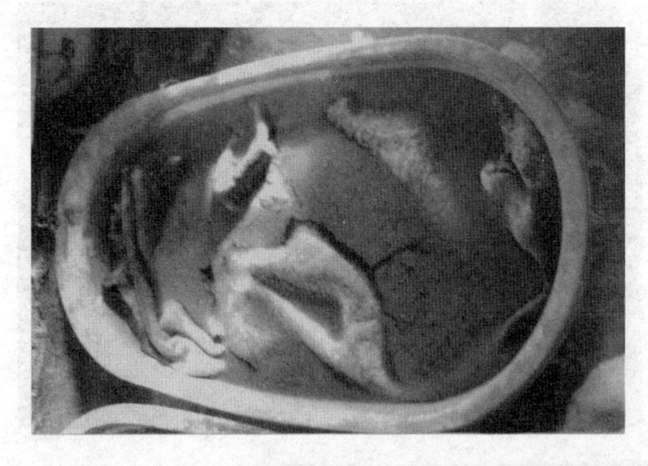

脱 灰

用这种水一泡，皮子里的灰就去掉了。接着，要开始清洗。

六、清洗

从前是人工的洗和捶，往往是用人举着木棰在河边的石头上捶打。

清洗阶段，皮子已经刮泡完毕，要用一定的重力，使皮质中的污渍挤出来。一是使皮子干净，二是让皮子更加的柔软。

这种人工的捶打，从前在东北的生活中很常见，因此也形成了一种文化形态。到了近代，人们便用一种叫“轮鼓”的东西来清洗。

轮　鼓

这是东北皮匠张恕贵自己设计自己制造的清洗工具。轮鼓是指将需要清洗的皮子投入“鼓”里，然后让其旋转，从而洗去皮子上的杂物，让皮张清洁漂亮。

七、漂白

漂白，一般是制鼓的那种皮张。

漂　白

漂白时，还要使用石灰水，再一次地对皮子进行漂。

漂白时的皮子在这个过程中要经过同上面过程一样的又一轮回，这才能确认皮子已经被漂好了。

皮子漂白的时候，皮子在清水中先是发灰，过了一阵，经过换水和投入相应的漂白剂，变化就产生了。

变成什么样了呢？只见它一点点地变成青白色，这是上等的好皮子。

这时就要进入冻皮子和晒皮子阶段了。

熏皮子阶段主要是对做靰鞡的皮子而言，先要经过熏，皮子才能进入做靰鞡程序。

八、熏皮子

开始学做靰鞡先学会熏皮子，“熏灶”在皮作坊后院的一个河边草地上。熏炉灶是一个炕一样的东西。

半米多高，底下空着，往里装谷草。

当腰一个烟囱。烟囱底小上大。上边的口是为了熏皮子时用的。

这就叫“熏皮灶”。

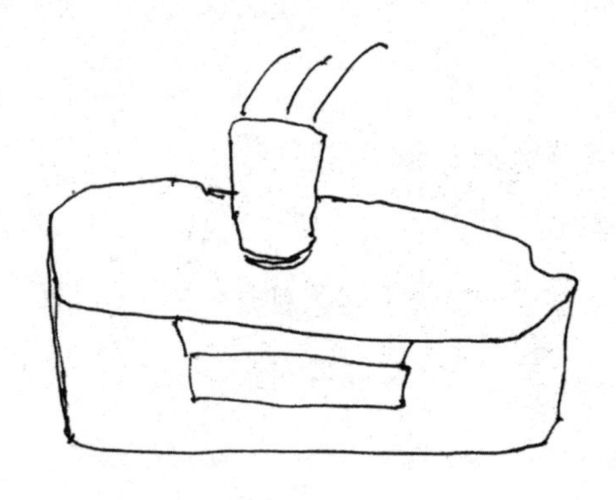

熏皮子土灶

从远处一看，熏皮灶是这样：

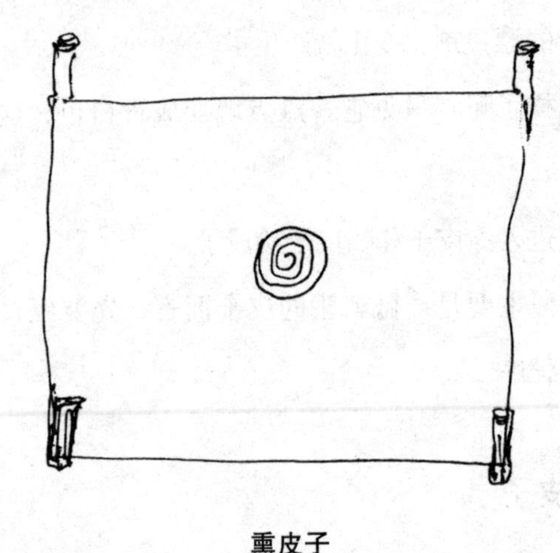

熏皮子

而皮子，要用两人双手扯着开熏。

熏皮子绝对是技术活。小打两手拉着牛皮，一边一个人，对准下边的烟囱，不停地翻动牛皮。

这种熏皮灶，灶下直径半尺，往上是烟囱，烟囱平面和灶一样的平。灶是反向搭的，底下是砖，或者泥坯，中间带槽子。用四根棍子，插在两头。

旁边就是谷草垛。皮铺都有谷草垛。

谷草，特别是东北的谷草，经霜发硬，梗粗，皮厚，燃起来后，烟大烟冲，光冒烟，不起火。而这种灶，就是升烟。火都让灶的低土槽子压死了。着不起来，只能冒烟。

先是“送谷草”。

送，就是往熏皮灶的烟囱里加谷草。

送时，用双手一拧，对准烟囱，再用木插一顶，草捆才能下去。

其实灶底下不是没有火，而这时的火起不来，只能边烧边在灶的槽子里走动，让烟升上来。

熏时，两个小打抻着牛皮，挨排移动。

这种移动要同步。就是两个人移动，不能一个上前，一个上后，一个上左，一个上右。一旦错了，师傅在后边上去给你一个大嘴巴。

熏时，还要均匀。所说的均匀就是让皮子对准那灶口的时间要一致。不能长，也不能短。

长了，熏大了，皮子发黑不行。

短了，熏轻了，颜色不一样，好皮子就熏废了。

熏时，还分“轻重”。

轻，是指火候烟度没掌握好，没熏上去，皮子发硬；重，是指火候烤大了，烟窜“老”了，皮子变色了。

一张牛皮，要熏一个小时。这是头一遍。一张皮子往往要熏两三遍。一天只能熏六七张皮子。

熏皮子，还要有“皮被”。

皮被，是一条厚厚的大棉被，专门给从灶上熏完后拿下来的皮子盖的。这时的皮子比人的“待遇”都好。冬天，人盖麻袋片，熏的皮子也得盖被。

熏一个多小时，用手一抓，皮子面煊乎了，这是让谷草烟窜的。这才行了。然后将皮子从灶上抬下来，放在旁边的木床子上，用皮被给它们盖上。盖上，是为了不让“烟劲”消失，也是为了刚刚起煊的皮子不再抽抽回去。如果不盖，风一过，刚熏差不多的皮子又紧了回去，这叫“二皮脸”。再熏二皮脸的皮子就费事了。

盖被时，要盖严。别让皮子受风，刺气。

这像人一样的娇贵呢。

木床子上，头一遍的皮子一张张摞在那儿。一天一大垛。被也越起越高……

皮灶房的被架子上，常年挂着厚厚的“油”，冬天也不冻。常有野猪、野狗在不熏皮子的冬夜跑来啃柱子。

一头头的野猪，在寒风中“啃柱子”。其实是为了啃食柱子上的油渍。

那“咔哧咔哧”的响声，惊动了东家。掌柜的就喊：“快，去人！野猪啃柱子啦……”

这时，伙计们就会带着火枪，手拿木棒子跑出来。对着寒风刺骨的河岸喊：“噢什——！噢什——！”撵野猪。

有时，野兽更不在乎这一套。

它们仿佛也知道你不能把它们咋的，继续啃，直到把木桩子啃倒了。

这时候，伙计们可就倒霉了，不是挨东家打，就是挨掌柜的骂，有时还被扣去劳金。

两天后，开始熏二遍。

二遍时，皮子已经变色了。由头一遍的花白，变成黄茬。掌柜的和师傅掀开被看看，说：“开二遍！”

因这时已不用摸了。但皮子还是盖着皮被。

这时的皮子，已经板板正正的，是皮朝里，面对面地放着。熏二遍时的操作方式和第一遍一样，但不同的是要加一个“掸水”的小打。

因这时，皮子怕烟火大了。

熏时，抻皮子的两个小打一旦觉得皮子的某一个部位让火烤烟熏得有些大，就会喊：

“掸水——!”

“掸水——!”

这时，负责掸水的小打，左手拿一个葫芦瓢，右手拿一把谷草，往瓢里沾沾水，然后麻溜地往皮子上甩。

只听“吱吱”地响，皮子上升起一股白色的水雾。空气和河岸上，弥漫着浓浓的皮子和水蒸气的气息，把北方的土地和草甸刮遍了。

第二遍熏时，皮子已经是黄色。

二遍只熏半个小时左右就行了。熏好后，还是要立即抬到木床子上，还要用皮被盖上。

二遍熏皮子为啥时间短了，因为这往往是“找火候”。也就是说，只挑皮子没有熏到的地方补熏，往往只熏中央，熏一部分，或一角就行，所以时间短。

熏完二遍，放一天再掀开被子。

这时人们会看到，皮子全黄了。金黄金黄的，这是好皮子。

这时，开始了冻皮子。

九、冻皮子

冻皮子，是皮匠的技术活。

皮匠一般是秋天熟皮子冬天干。

冬天，天冷，皮子色好。夏天再熏也熏不出冬天的颜色。这是因为，冬天气候干燥了，气流抽得快，太阳光芒变弱后，风中的湿度正好适合皮子上色。这是大自然的恩赐。东北的冬天是皮子生产的天然好季节。

皮匠，特别是东北的皮匠，非常懂得利用冬天，品味冬天。

冬天的气味，让东北的皮匠们难忘啊。

寒冷是一种古老的资源。霜是皮子的宝贝。熏好的皮子，要在冬天挂到寒冷的户外去晾晒一下，这是让冬风过一遍。

东北冬天的老风，湿乎乎，冰冷冷的。它一吹一过，皮里子上的虫卵菌物什么的，立刻走了。连尘土也在冬风的吹刮下走净了。

在冬天的早上，皮匠们将一张一张熏过二遍的皮子挂在寒冷的院子里，让寒冷来“过手”。

这时，皮子们搭在皮铺的院子里，像一面一面的旗子在飘荡着。

皮匠的伙计们要在夜里起来翻皮子。

就是把皮张一张张地翻动一下，换换位置再冻，以便让它冻得均匀，冻得透亮。

一张牛皮往往冻上一宿，于是就开始了第二道工序，刮冻皮。

十、刮冻皮

这时的刮皮子，不同于沤刮。

沤刮，是指在皮子泡和沤的阶段那种刮法。那是趁湿去掉皮子上的厚肉和老毛。而现在老毛已去尽，多余的肉也去完，要找平。

现在刮，是叫冻刮。

冻刮，也叫干刮。

干刮使用的工具是月牙铲。

月牙铲，这真是一种形象的名称。这种铲子就像一轮弯弯的新月，后边一个“把”。

把，又分长短，根据不同的皮张部位而选用。这种月牙铲在刮冻皮和平皮时使用，更是一种技术活。首先要会使“溜劲”。

溜劲，是指皮匠要顺着皮子上的结构来“走铲”，而不是随便用力。

皮子，特别是经过了沤、泡、刮后，再经过熏、盖皮被阶段，再熏之后，这种皮子已完全达到了皮质结构完全暴露在外面的阶段。使用月牙铲走铲，就一定要注意“铲劲”了。

铲子每一寸的移动，都要在皮匠手和胳膊的一种感应下进行，不能硬推。

这时，铲的“月牙”形态起到了作用。

古人发明的工具，真是太有道理了。比如“月牙铲”，在这个阶段它就能自动地“找”到皮子结构，顺着皮质结构上的起伏，寻找高低不平的多余肉疙瘩、皮刺子走铲，使皮子趋于平滑。

每当手劲一来，皮匠的腕子一定要顺着弯，这叫“随弯就弯”，这才能使皮张见平见光。

使月牙铲，是个“累”活。它累在“有劲”使不上。这叫用巧劲、用智劲才能刮冻皮、干皮。

接下来，叫晾冻皮。

十一、晾冻皮

刮好冻皮，还要晾冻皮。

这时候，还要把刮完的皮子，抬到院子里的杆子上去晾。

这时的皮子，已是一张张又光又平的皮张了，称为“白皮桌”。

白皮桌晾在院子里时，就得用人日夜看守了。因为这时要防备有人来偷皮子或野狗来叼皮子。

这时的皮子，其实已基本上成了成品。如果拿走，回去就可以做成成活啦。就是个人家也可趁你不备拿回去自个儿用了。常常有过往的行人顺手扯一张走了。又有一些过路的大车老板子，趁皮铺看守不严，顺手扯下两张皮子扔车上，那皮铺的损失可就大了。

为了防止晾冻皮时偷皮子，各家皮铺都养几条大狗，看守院子。这几条大狗都有小孩那么高，像牛犊子似的，日夜不拴着，看守着。

所以在皮铺晾冻皮的日子里，各家各户的大人往往都嘱咐各家的孩子：“别上皮铺那院去，狗咬人！”

经过五六天，冻皮子彻底干了。这时，另一道工序——割皮子就开始了。

十二、割皮子

割皮子，又分割做靰鞡的皮子和割做马具的皮子两种。

割做靰鞡的皮子先拿靰鞡样子。

靰鞡样子也叫靰鞡板子。先把靰鞡板子“按”在牛皮上，然后照样子往下割。

要沿着样子走刀，一只一只往下割。

一张牛皮，要注意分头刀、二刀、三刀。就是牛皮上最好的部位。一般都是牛脊骨一带的皮。这被称为“头排靰鞡”“二排靰鞡”“三排靰鞡”，也是指最好的牛皮的皮质位置。

这几排的靰鞡，价钱高。如果头一、二、三排靰鞡二斗红高粱换一双的话，别的部位的一升就能换一双。真是相差天上地下。所以割皮子一定要注意别“走刀”。

走刀，就是割串了。把头排割成了三排、四排。

四排，就是牛的“尾根”一带。脖子和肚皮一带，都不是大价钱的皮子了。

牛皮只有牛胯骨之前是最好的、最匀乎的皮子。

割皮子最讲究技术，又叫“手艺刀”。

这手艺刀要会刀功。在哪儿下刀、走刀，都要有一定的规矩。偏刀伤皮子，立刀拉豁口。都不行。要会“吃刀”。就是按规矩、尺寸，按皮子的肉里子结构去割，才行。

割时，不能“偷刀”，就是该是人家的“排”割成了“假排”

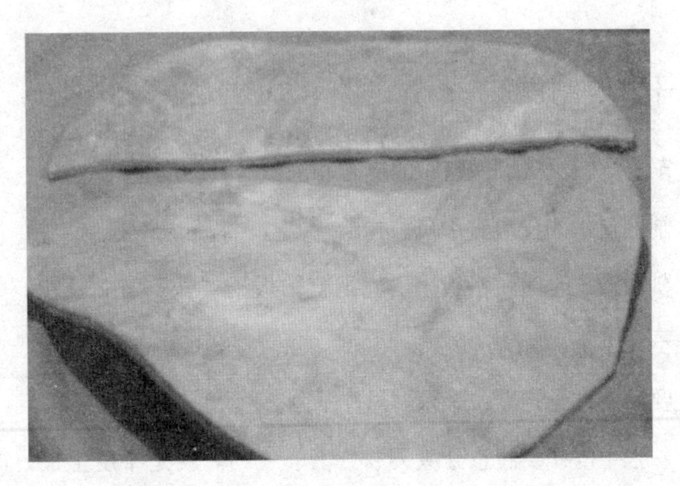

割皮子

（部位不对），那不行，那叫“各几刀”（手法和良心都不行）。

割完皮子，开始“片皮子”。

十三、片皮子

片皮子，就是把皮子片割成一样厚薄的程度。

片皮，要用片皮刀。

片皮刀，一般也有多种。这往往是根据皮子上的不同的部位而设计出来的。如“驴蹄刀”“圆柱子刀”“疙瘩刀”“丁子刀”等，各有各的用处。

也有干脆用镰刀头来片的。

在北方，由于农民种地使镰刀使惯了，所以使镰刀来片皮子也挺顺手。

无论是做靰鞡还是做马具，都得片皮子。往往片一寸宽时，先用水阴上。

阴上，就是喷水让皮子软乎，好走刀。

片皮子的阶段，其实皮子已变得十分硬，本来硬是好片的，但是由于一些部位难达刀，而且，一种皮件要成条、成小块、成小方不等，所以片时不好使刀。这时就要使皮子阴一阴。

阴上，除了喷水外，还有掸水。

掸水，是用帚笤沾水，往皮子上点。喷水，皮匠往往顺手抓起葫芦瓢喝上一口凉水，然后对准要片的皮子喷去，只见“噗”的一声，水在皮子上散开。

皮匠们都会这一手。

这一喷，或一掸，再待一会儿，皮子就自动软乎了。这时再开片就容易些。

十四、开缝

片完皮，就开缝了。

在从前，所有的皮匠都是从做鞋开始做起。

鞋，是人类生活的重要物件，也是鞋匠的主要活计。

东北俗话说：

大姑子多，婆婆多；

小姑子多，舌头多；

小叔子多，鞋脚多。

一个媳妇的一生，就是不断地为别人做鞋的一生，从出嫁之前给爹娘兄弟姐妹做，到进了婆家为丈夫、公婆和大姑子、小姑子、小叔子等做。她自己从此再穿不上新鞋了。

可是在东北，皮匠鞋匠却接过了这个繁重的徭役。

在皮铺里，皮匠首先为他们裁好“鞋皮子”。那是一箩一箩，一打一打的皮件。

这是按照靰鞡面和帮的大小，裁好整张皮子。鞋铺人带走，自己下料。也有，就是皮匠自己动手。

北方的鞋子，都是由动物的皮张所制，最典型的就是牛皮靰鞡。

牛，那是北方人忠实的伙伴。它们老了，于是留下了皮张，又成为人生存不可缺少的生活资源。

一张牛皮，能出上好的三双上等靰鞡和二、三等及以下的三双靰鞡。这还得是像样的牛。

靰鞡要经过老鞋匠亲自缝才行。

一张牛皮出几双靰鞡，要看牛皮大小和靰鞡大小。所以，有了牛皮，先要量皮子。

量好，便下裁。然后开缝。

缝靰鞡，要会穿皱子，也叫“拿褶”。

靰鞡又分大褶靰鞡和小褶靰鞡。大褶靰鞡产于吉林靰鞡，小褶靰鞡产于辽宁海城。

首先要下料，把皮子剪裁成鞋的样子，然后才能去缝。而缝，更是讲究手艺。

还要经过钉靰鞡耳子。

靰鞡的“耳子”必须经过认真的钉，日后才能拴绳子，绑得结实。

缝靰鞡，要有专门的“凳子”。

这种凳子要便于缝的人伸脚踩住拉绳。而拉绳是在上部套在膝盖上，压住皮子。

不然，一缝皮子一走，就干不了活。

缝靰鞡是最讲究技术的活计。

褶大褶小，完全看各地的风俗习惯，不过是为了区别而已。但靰鞡没有褶不行。

褶使得靰鞡成形。

不然皮子不起弯，卷不起鞋样子。

缝好，拿上褶后，就开始刮前脸。

靰鞡的前脸非常重要。刮好的靰鞡前脸透着硬气，光滑，圆圆的头，在北方的阳光下显得十分威武。一个手艺不好的皮匠做出的靰鞡，前脸粗糙，不吸引人，也讲不出大价。

做靰鞡时缝靰鞡前脸很关键。

如果靰鞡的脸不缝紧，穿时一拉，一用劲就“掉脸子”，这种靰鞡没人要，卖不出价。

缝好前脸，上好耳子，还要钉靰鞡钉。

这种钉子，是为了防止起“钉脚”。

在东北，冬季外面的气候十分寒冷，人外出，脚下时时打上一个又一个雪疙瘩，被称为“钉脚”。

一有这种东西出现，人走不稳。而靰鞡上只要钉上了钉子，就会走路抓土，少起“钉脚”。

制作靰鞡

而且，靰鞡还要经过鞋匠的不断修整才行。在东北民间这种鞋匠随处可见。但是他们使用的皮子也得完全从像张世杰这样的皮匠手中得来才行。

靰鞡的开缝，先要拿褶。吉林靰鞡，八大褶。

拿褶，手和腿、皮子要“互动”。

缝靰鞡要有靰鞡凳子。人坐在上面，右撇手缝，皮子按在左腿上，再用“缝套”搭上，压住皮子去缝。左手，与之相反。

缝套，是一个绳套。从前是麻绳，后来用皮扣卡子也行，二尺多长，摵成个圈，打成圆，套在人腿和脚上。脚用力蹬着。让缝套拉紧，勒住皮子不走移。

这时，脚劲、手劲、脑劲要同时用。这叫互动。

白皮匠缝鞋

如果人身上的哪一个部位不配合，皮匠就缝不好靰鞡。

这是一种功夫。

既要有巧劲，还要有力气。是脑力活，又是体力活。一个最快的快手，一宿也只能缝上五六双而已，多了根本干不下来。

缝靰鞡最累的就是拿褶。

一双靰鞡成不成鞋的样子，首先要拿褶。褶就是皮子的弯度。多少褶能变成鞋样，这在皮匠中是有说道的。而且南靰鞡和北靰鞡又有不同。所以缝起来，要讲究和守规矩、懂道道，缺一样都不行。

八大褶缝完，当腰要起一个大褶。大褶一起，靰鞡就成样了。

十五、砍楦子

靰鞡成了形，就该下楦子了。楦子是木制。

而且，要选长白山上的桦木。

桦木，是东北长白山里独有的一种树，它长年生长在长白山海拔两千米以上的高寒地带，经受着这里常年的冰封雪冻，一百年才长碗口那么粗。

长白山桦树生长在东北长白山恶劣的环境里，在高寒缺氧的气候中生存，经历了亿万年的生长历程，它有点像新疆塔克拉玛干沙漠中的胡杨。

看上去，它已经死了。可是它的本体虽然倒掉了，却又有新枝从地石中蹿出。

它长在长白山的火山灰上，世世代代不死不绝。

正如一位哲人说的那样，桦树，它虽然没有鲜花那样醉人美丽的外表和芬芳，但它却比任何鲜花都美丽，尤其在那冰封雪冻的日子里。

到长白山的秋冬季节，桦树的叶子就变金变黄，一片金色，染透了长白山冰雪，把一种坚强留给世界。

而靰鞡楦子，就专门选用这种桦木。

由于桦木坚硬，木质光滑，不起刺，所以要用此木。

一个皮铺的靰鞡楦子往往要几百副。要大大小小各种各样的形状。靰鞡哪个部位需要，就砍成什么样的，楦进去。

楦进去，就是撑进去。让皮子变成鞋样。

皮子按照楦子选，楦子跟着皮子走。就是这么个道理。

砍楦子要用砍楦刀。

那是一种又弯又长的刀。使用时挥动胳膊，一刀下去，将桦木砍成不同形状的楦。然后修楦。

修楦，就是用刮刀将楦刮滑刮亮，像一块圆圆的石头。百年老靰鞡铺的楦儿，简直就像一块又滑又沉的宝石，珍藏在岁月的深深的光阴里。

十六、炕靰鞡

靰鞡打上楦，要经过一定时间它才能成形。这是被楦子固定成鞋的样子了。

这期间，要炕靰鞡。

炕靰鞡，就是把带着楦的靰鞡摆在北方的火炕上加热去湿。

在中国的北方，那一面面古老的火炕是生活在这里的人们的主要生活场地，生活的各个方面其实都离不开这面火炕。它不但睡人、住人，还要炕谷子、炕粮食、炕豆子、炕粉块子、生豆芽、孵小鸡，而且，还要炕皮子、炕靰鞡。

炕靰鞡时，靰鞡要一双一对地摆上，别弄混了“双”和“对”。虽然靰鞡不分左右鞋，但是一张牛皮上下来的皮子做成的靰鞡穿起来也有不一样的感觉，主要是皮质不同。

皮质会让靰鞡的适应度不同，人穿起来左右脚着力和受力也就不同。这些细微的要求，其实能看出皮匠的品质。

也可以不管这些，但买的和穿的人就不知道，穿时发觉也晚了。但是皮匠有自己的规矩，争取不弄混。而且，还要给在炕上炕的靰鞡盖被。

盖被，有专人管。

时而翻开被，翻翻，串串。

看看楦歪没歪，走没走。看看有没有小孩上炕淘气，蹬掉了楦。看看有没有耗子来嗑了皮壳子……

大约炕个一天一宿，靰鞡就炕好了。

这时再“拿楦”。就是选一些不同形状的楦子往里打，一只鞋，五块楦，不挺时再用楔子。

十七、钉钉子

这时，靰鞡开始钉钉子了。

钉钉子是指在靰鞡的底子上钉。在靰鞡的后跟上钉两个，圆的。

鞋底钉

靰鞡上的这两个钉子，主要是起到穿这种鞋走道沙土，不起

“钉脚”。

钉脚，是一种冻土疙瘩。

在北方，特别是东北，人穿靰鞡外出干活，脚在里边一活动，发热出汗，于是皮子外边接触的土和雪就会沾在皮子上。一走一揉，时间长了慢慢地就起了一个疙瘩。这叫钉脚。

钉脚一起，人在路上就会站不稳。而且走路使不上劲，干活也不方便，还容易伤人。

为了解决这个问题，皮匠就要求一定要给买鞋的人钉钉子。这样一来，这种钉子本身就沾不住冰地土。一旦沾上了，一蹭一踢也就掉了。但是，钉这种钉子要有一个说道，不是皮铺给你钉，要由皮铺对门的另一个专门干这活的“钉子户”给你钉钉子。

这也有一种规矩，就是不能给你“完鞋”。

完鞋，就是完整的鞋。完鞋不是“玩完”了吗？

人这一生，包括买卖，不能“完”哪。就像买马不配笼头是一样的。笼头得在另一个作坊去配，或者你自己带来，没有马贩子带笼头给你的。你就是买了马，马贩子也得把笼头卸下来，这叫买牲口不带笼头。也是买卖不做完（不玩完）的意思。这表示着人类求生存的强烈欲望和平安、长久的吉祥观念。

一般来取靰鞡的人也懂这个道理。炕完了靰鞡，他们拿走后自个儿上对面的作坊去钉钉子。

十八、上耳子

耳子，是指靰鞡上的一个皮孔。

也有管它叫“根”。又叫“靰鞡提根”。

就像今天的鞋拔子，穿不上鞋或穿鞋紧时，要用鞋拔子去提一样，这鞋耳子就起到了提靰鞡的作用。

靰鞡，一双两个耳子，一只脚一个。

靰鞡耳子两根绳，一根四尺。用时，穿在耳子上，绑在脚上，使得草和大袜子紧紧裹在一起。不鼓包，不起层。抗走抗跑。

但是，这也有一个规矩，就是买靰鞡时，靰鞡是靰鞡钱，耳子是耳子价，单算。

这也有点像钉靰鞡钉时的规矩和说道差不多。但也说明了卖主尊重人家买主的意愿。

因为一个人买了靰鞡，他不一定就穿，也可能给别人捎的。回去后他什么时候用，用什么样的绳子和麻线，什么样的套，起什么样的耳子，也可能人家过几天再来上耳子。所以，其实这是一种“方便”。让一种生活的“余地”留给对方买主，让你自己视时而定。

这也是从前买卖人家特别是皮铺鞋匠的一种人格，也是人品。

一般的情况下，如果一双靰鞡十元钱的话，耳子往往两元至两元五（包括皮条带在内）。

十九、絮靰鞡草

有了靰鞡，打完钉，上完耳子，就要絮靰鞡草啦。

靰鞡草，是东北山上的一种小草。它有皮实、筋道又有韧性的特点，外号叫“拴住驴”。

据说这种小草有豆包那么一绺就可以将拴驴的绳子绑在上面，驴都跑不了。

这种草，夏秋割下，冬季阴干。用时用一种木头棰子去砸，软乎了垫在靰鞡鞋里。

从前这种小草没有名，就因为它可以垫在靰鞡里取暖所以被人叫成靰鞡草了。

从靰鞡铺子出来，要想要这种草，一是自己家秋天割下来，留着自己用，再就是上修鞋铺去买。

那时候，大街上修鞋的代卖靰鞡草。

那些个皮铺的对面，全都是修鞋卖靰鞡草的人家。

一家一家的门口，堆着一堆一堆青干青干的靰鞡草，旁边是砸这种草的木板子和木棰子工具。一看有人拿着靰鞡从皮铺里出来，卖草铺子的小打就在门口大喊：“靰鞡草——！”

然后就用木棰子“吭吭”地砸草。

在北方冬季寒冷的风中，一股清甜的靰鞡草的气息飘荡出来，吸引着那一个个拿着新靰鞡的人向这儿走来。

靰鞡草经过砸，再用前三后四、左五右六（指草的垫法）这么一垫，然后穿上一走，心里踏实多了。于是，一个东北汉子就和这双老靰鞡开始了他一生的旅程了。

二十、抻皮子

这里的抻皮子，是指马具店做牲口套县的皮活。

抻皮子是为了把已经泡好、刮好、清洗好、漂白好的皮子进行最后的定型，以备裁剪。

抻皮子往往使用木架，俗称“庆子”来抻。

庆子是会大会小的木格。

把皮子压在上面，让“庆”在上面走。

走到哪，完全根据皮子的质量和皮面的大小、好坏来判断。

各种动物的皮张使用的“庆子”也不同。抻开后，把庆子搬到院子里的阳光之下，让阳光去照晒，使其快些干透。

接下来，就要裁剪了。

二十一、裁剪

裁剪，就是根据皮子不同的作用，按着皮件的要求去下料。

裁剪的皮匠要根据皮子的大小，皮子上边是否有刀痕、虫眼等不同情况，去处理成有用的皮料。

这种下料的道理，主要是看皮面是否好看，不好看，就下成了废料。下大了，是指把好皮子剪瞎了；下小了，是指没有判断好，下成了不能使用的料了。

总之，裁剪一定要有丰富的皮艺经验才能去动刀剪，不然就会酿成大错。

接下来，就叫定型。

二十二、定型

定型，是指裁剪下的皮件而言。

所说的定型，是指在一张皮子上，要计算出出多少鞋面，多少鞋脸，多少鞋耳子，等等。不废料，不瞎皮子。

要做鼓面，也要确认出能出多少面鼓。多少面大鼓，多少面小鼓，多少面长鼓，多少面腰鼓。

皮角子、皮边子还能做什么。

定型还包括制车套马具。如果是马具店，就更要考虑一张皮子出多少肚带，多少鞭皮，多少搭悠，多少秋，多少鞭哨……

皮匠必须要会做马具。张皮匠也是做马具的能手，这种手艺，他是直接从父亲张世杰那里传接下来的。

马 具

马具的各类皮套繁多而且讲究，直到今天，这种繁杂的马具工艺还在农村和长白山的老林子里传承着，被人使用着。因为这一带的车马依然活跃在长白林海之中。

马具主要包括这样几种。

1. 笼头

笼头，是套在马头和脖子上的套索。

这种物件要求皮匠要选择上好的有韧劲的皮子，切割成一条条的宽带，然后按牲口头部的尺寸加工而成。

笼头又分很多股很多叉带。

每一股和叉带之间，要用铜卡或铁扣固定，使之结实、好看。

笼头是皮匠们最露手艺的一种皮活。

2. 搭悠

套的主要部分就是搭悠。这是套在牲口身上的套架子。由它连接所有套。这种套具的皮质一定要好，不然牲口不愿使。一是贴皮

搭悠中间的皮扣

不舒服，二是没有拉力。

搭悠中间的皮扣更得选用像样的皮子，那里常年两侧用力下拉，使得皮套的张力扩大。并且，皮扣和连接套扣的铁环之间也有摩擦力。皮子不好，就易损坏牲口和套具。

搭　悠

3. 套包子

套包子从前都用皮子裹上，抗磨，结实。这种皮子也要求皮匠们从上等的皮子中选出来才行。这是常用的民间套具，也是皮匠的最拿手活计。

4. 鞭缨

鞭缨就是皮鞭子的鞭绳，带着皮扣。

皮铺出产的鞭子是一个皮铺手艺的代表作。那时，每一个皮铺都讲究如何制作皮鞭子，让老板子们拿出去宣传自己。主要是抗甩、抗抽，而且扎咕得好看，许多鞭子让人打眼一看，便知道哪家皮铺的活。

鞭　缨

主要是扎法和手艺。各人编的花不一样。接下来就要看更主要的一个条件，那就是鞭哨了。

5. 鞭哨

哨，是鞭子的最上面的部分，所有的响动都是靠它发出来的。

做鞭哨是每一家皮铺最为拿手的活计才行。首先是和其他程序一样，熟好了皮子，然后“开割”，开割了，又叫“割哨”。割哨就是对皮子下手。这要有绝高的技艺，就是一张皮子割出多少哨，全靠割皮子的人手艺，不然就会割少了。

哨是鞭子的“灵魂”。

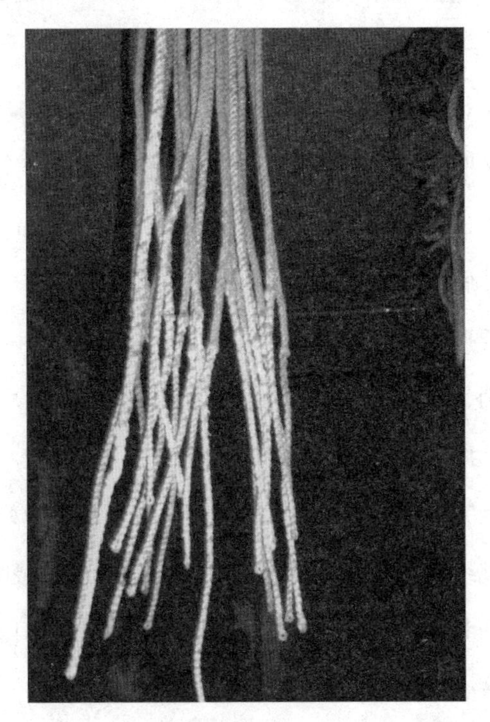

鞭　哨

一般的哨都是用驴皮，割完，要“开洗”。

开洗，就是用烫手的热水洗。然后将“胰子”（肥皂）切成片或丝泡上，叫“泡哨”。

从前泡哨是很有意思的事。一个盆子里放上几十几百条“鞭哨”，远远看去，就有如一盆上好的荞麦面条，给人一种浓浓的生活气息。

泡哨得泡上三四个小时，然后捞出、晾晒。

一串串的湿哨，搭在皮铺院子里晾晒，风吹过来，哨们一齐摆动。孩子在大道上跑来跑去喊着：

“晾哨啦——！晾哨啦——！”

晾干爽了，开始揉哨。

揉哨，又叫搓哨，是用石头来搓。把鞭哨放进一个大笸里，倒上石头，用手去揉动。真是一个累活。直揉到哨上起了一些小毛毛，这才停止。然后“开撸”。

开撸，要换成锯条。

抓一把哨，在锯条的每一个齿中间放上一根，然后一下一下地拽，叫开撸。撸哨要格外的细致，不能有一丁点马虎。一条条的哨撸完再晒，晒完再撸。撸到什么程度，反正是越多越好。撸的过程越长，皮子越结实，越有弹性和韧性。这才是上等的鞭哨。

在中国的北方，特别是像长白山张氏皮铺这样的作坊撸出的鞭哨叫人用着放心，使着得劲。

一般的鞭哨使用不过一百天，往往是三五十天就到顶了，这是因为鞭响全靠哨。鞭响，全靠老板子会摇鞭使哨，老板子往往一摇鞭便让哨“打卷”“系花”，然后猛地一甩，鞭子才发出响动。

所以，鞭子最费哨。

超过了一百天的哨，那叫“使住了哨皮”。这说明这家的皮货好，皮匠熟的手艺“老”。

老，就是老道，就是到位。

说也奇怪，在北方，十个皮匠熟出的哨有十种性能和模样。而张皮匠家熟的鞭哨，你就是使到剩老鼠尾巴那么长了，也舍不得扔啊。这是张家的拿手活，它的用处大了，据说可以避邪。

总之，一个皮铺出名的手艺，就包括做这些马具皮套和鞭哨之类。

总之，定型之后，下的料要求不变，再变就说明你不是一个合格的皮匠了。

接下来就是送货。

二十三、送货

送货又称送料。

主要是指把下好定型的皮子，一样一样、一种一种送到皮铺、鞋铺、鼓铺、马具店等处，供人家做成活。

但是，大多数的皮匠铺自己往往把皮子做成成活，比如靰鞡、马具、圆鼓、皮件等，然后再卖往市场。因为这样，他可以挣到更多的利润。如张氏皮匠家就是这样。

而一般的皮匠家族只做一样，像张恕贵家这样靰鞡、鼓、马具都会的皮匠，在中国的民间，已经是屈指可数的了。

岁月就是如此。皮匠这种完整的生活和生产过程也便如此。张皮匠家几辈人的皮匠生涯也是如此。

第四章 皮艺与东北

张世杰所以出名，是因为在东北民间，皮子是这里的人一刻也离不开的东西。皮，是什么？皮，可以就是东北；东北就可以用“皮子”这个名字来表述。为什么呢？如吉林之名，就是靰鞡，是一种鞋，它的产地是乌拉。而乌拉，满语称吉林乌拉——沿江靠川之谓，是说松花江边有一个地方叫乌拉（吉林）。有哪一个省份的名字是用鞋来称呼呢？只有东北的吉林。这说明了东北与“皮子”已经结下深深的情缘。历史上，在远古时期，东北人民就与“皮子”有着一种特殊的关系。首先，皮子是人们生活之中最实用的东西，如人们生活中所需的衣、帽、鞋，没有一样不是来自于动物的皮张。

一、狗皮帽子

东北的冬季十分寒冷，风硬雪大，人们的帽子一定要防寒，所以戴的帽子都是皮帽子。

东北不种棉花，用皮子来做帽子是最常用的一种手法，各户人家和各个“帽铺”都会做并出卖这种只有东北才有的帽子。

所以叫“狗皮”帽子，那只不过是对“皮”帽的一种统一的称呼。而其实，各种动物皮张都有。

比如常见的狐狸皮、兔子皮、野狼皮、山狸皮等。这种帽子在东北严寒的冬季真是再好不过的一种头饰了。

冬天，当北方寒冷的老风老雪吹刮来的时候，它们起到了重要的作用。由于这种帽子的下沿毛长，可以直接地挡住人的后脖子，不让冷风寒雪钻进人的脖子里。在冬天，人的脖子如果暖和了，身上的血液便会自由流通，人就不会被冻到。

戴狗皮帽子的人

这是一种神奇的东北帽子。

我们在东北的每一个人，如果没有一顶像样的狗皮棉帽子，冬天就无法度过去。因此，皮帽子是生活在这里的人的一个必备的物件。

除了前述动物皮张之外，还有其他动物的皮张，如狍皮等，是非常独特的一种。

狍皮帽子

鄂伦春族干脆就将狩猎捕来的狍子头直接做成“狍帽”。

那也是一种奇特的北方服饰了。

这也是一种“皮活”，是当地的皮匠经过精心的熟制而制成的一种民间艺术品，美妙绝伦，可称为北方民族的奇特的帽子。

二、皮袄和皮裤

在严寒的北方，人为了生存必须要有御寒的衣裤。

这里的衣和裤就是皮衣和皮裤。

其实，在很早的时候起，生活在这里的北方民族就懂得了使用兽皮来制作自己的衣和裤了，以便度过严冬。夏季就更不用说了。

穿皮袄的人

他们往往是随着自己狩猎时捕到的什么动物就使用什么动物的皮张来制作自己的衣裤。一般我们称为“羊皮袄”，其实不仅仅羊皮，应该是多种动物皮张的衣裤。

这是鹿皮袄和皮裤。

鹿皮短袄

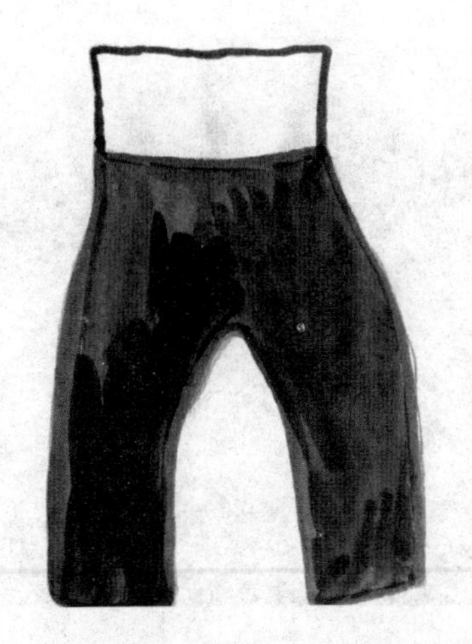

鹿皮裤

北方的山林里，狩猎者经常能捕获到鹿，因此鹿皮便成为他们经常使用的一种土料。

土料，是指地方特料。

是说他们可以就地取材，把鹿皮拿来裁剪，形成“衣”形或“裤”形。

形，就是形状。

从前的衣或裤都是由人身体的形状而来的。

裤子也是这样。这种鹿皮的裤子是早期北方的狩猎民族穿过的样式。他们把捕来的野鹿去肉后留下皮张，经过精心的熟制，终于成了生活中需要的样式。

鹿皮裤子就是今天也可以在黑龙江和吉林一带山民中间找寻得到。这是历史的记忆。

后来，或有巧手的妇女逐渐地将衣裤上绣上花纹，使之成为可以作为艺术品的北方服饰了。

北方皮制服饰

下图是达斡尔族、鄂伦春族妇女的鹿皮长裙。

这种裙子虽然由鹿皮所制，但是已经由简单的皮张进入一种艺术装饰阶段了，成为一种有保存价值的服饰被人收藏起来。

鹿皮裙

裙子服饰等一旦进入神服阶段，它的艺术的创造性和装饰性就更强了。

皮神裙的诞生其实经历了艰辛的流变过程，它记载了北方民族的精神创造形态。特别是一件萨满服的诞生，往往要经过5—10年的寻找和酝酿过程。因为，做萨满服时要非常注意，不能用怀孕的猎物的皮张。据《瑷珲十里长江俗记》中载，选黑水狡獭皮、黄狐皮、花鹿皮、蛇皮、青雕皮等镶边，做飘带与饰物，银蛤三百制成披肩。

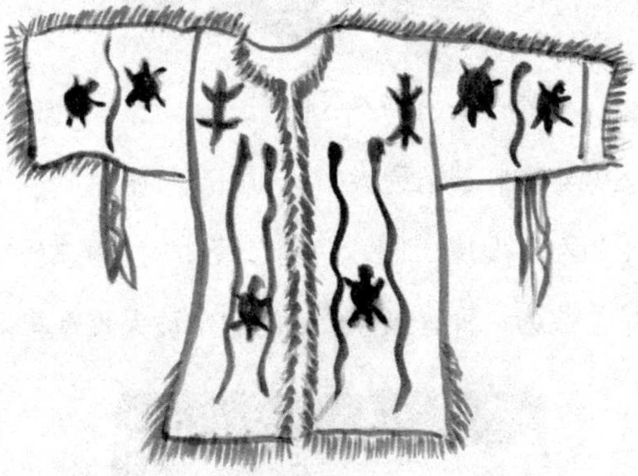

萨满神服

上图是一件赫哲族萨满神服。

这些皮衣、皮裤、皮物，都经历了久远的历史才流传至今天。

下图是一件鸟卉百皮神裙。

可以说，一件珍贵的皮衣、皮裤往往是由多种动物的上等皮张所制，所以极其的宝贵。

那时，北方的人穿上皮制的衣服，人也变成了一种历史的历程。

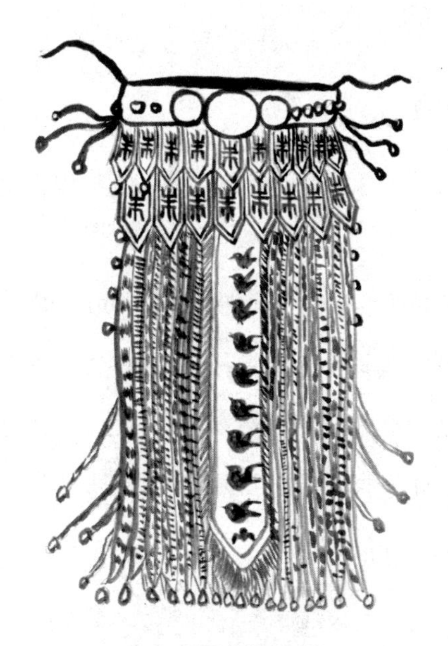

鸟卉百皮神裙

他自己，也就成了一座博物馆，是一种“服饰”博物馆。

他身上的每一件物，都珍贵无比，饱含着一种皮艺的技艺和文化。

我们今天在文化史中能见到的“皮饰”品，展示在人的身上时，一种神的历程也便开始了。

鹿皮背心是北方民族姑娘们的最爱。在一般的情况下，她们总是把这种背心精心选皮制作，再绣上一些花花草草，或自己穿，或送给自己心爱的人。皮子穿在身上，人也被装饰起来。鹿皮套裤，柔软轻松。穿起来舒服也方便，干起活来轻快，真是最好的衣料。

上腰宽大，系一个带便可扎紧。

在北方，它们同这里的民族一同度过寒冷的季节，迎来了万紫千红的春天。

三、制神服

仿佛天空飘下一种指令，皮匠要会做神服，这是一种古老的传承。

神服，就是萨满的服饰，包括他们的手鼓、腰铃和飘带。

在北方，当山林老人抚摸着一只动物的皮张的时候，他的心里首先想到的就是给祖先和神灵做服饰，这已成为一种惯例。

因为那一件件神服，才真正唤起他们对祖先的崇拜和思念。

萨满的服饰，都是皮衣。

萨满服饰

乌惹，女真语，汉译为“熟皮”。讷勒库，满语，汉译是“皮衣”。佳班古勒哈，满语，汉译是皮靴。靰鞡，满语，汉译是皮鞋子。

在北方，一切都和皮子有关。人——皮匠熟出了动物的皮张，从而制成神服，去表述人自身的意愿。

在满族族传史料记载之中，选制作神服的皮匠十分严格，首先他要有精湛的手艺。而且，这个人要用3—5年的时间去准备。

准备什么?

首先是皮匠要与族人中捕猎高手商量如何捕得活兽，且不捕带崽母兽。

其次做飘带，要选黑水獭皮、黄狐皮、花鹿皮、蛇皮、青雕皮等来镶边和做飘带与饰物。

等各种动物抓齐之后，萨满再杀牲血祭。

这时要有三不许。一是不许划破皮子；二是兽肉全部焚烧；三是不许食用扔掉。

而且，熟皮子由身穿萨满神服的萨满亲自进行。

动物的皮张要放在阴干处，以防虫嗑蚊咬，变腐变味儿。接下来开熟。

熟制神服饰虽然和一般的皮匠过程一样，但每一个环节沤、脱毛、脱水、漂白、晾晒、抻皮、裁剪，都要虔诚地祭祀，然后才能由萨满亲自去制作。

萨满神服的制作是一种特殊的皮活。

据关云德调查记载，吉林省公主岭市放马沟满族乡伸彻满洲何姓祖先神是九位皮偶，个个精湛无比。而吉林溪浪河凤凰山一带的满族，在冬季祭星神时，各姓共推德高者为总祭星达。

他们用的是白羊、白马、白兔皮张来制作祭服，并以皮为面。

冬季，在茫茫的白雪地上，身穿白色皮子服饰的白衣萨满在奔走，给人一种天人合一的感悟。

这一刻，皮匠们的智慧和手艺得到了展示。

从前，在古老的岁月历程中，兽皮是北方先民的主要衣着用料。据史料记载，鄂伦春族“食用皮衣，不知布米为何物”。赫哲族“夏衣鱼皮，冬衣犬、鹿皮”。以兽皮为衣是北方民族的传统而且有久远的历史。

这说明，从很早时候起，皮匠这种手艺就已在民间出现并被族人所传承。

北方民族在肃慎时代，先民们即“穴居，无衣，衣猎皮”。这种习惯在萨满文化中更具有稳定性。至今，鄂伦春族、鄂温克族等狩猎民族的萨满服仍是以兽皮为最佳，从这个意义上说，萨满服饰的保留和制作很好地传承了这种皮艺技艺，是一种活态的文化传承。

活态传承下来的文化是对文化遗产最好的保护。

鄂伦春族在熟皮子时，他们先把狍子、鹿的肝脏捣碎捣烂，涂在兽皮板上，然后把兽皮卷起来发酵。这表达了他们的心理过程。也是远古人对自然的认识和理解。而且，这又是一种科学的做法。

之所以这样，是经过一段时间的等待，让皮张潮湿，然后再将皮张上的肉和泥垢刮掉。经这样反复揉搓，皮板就变得非常柔软了。其实这是动物自身的血肉对皮张的作用。足见人类的生活习惯与自然的科学规律是统一在一起的。

鄂温克族熟狍皮，是先把狍皮晒干，然后再在皮板上墁（抹）泥和小灰（柴草燃后的灰烬），然后焖一宿。事先，他们制作了一种涂料，叫“巴拉德”，就是将煮烂的兽肝切碎，放进坛或盆内，盖好后放在热炕上，发酵而成。

他们将这种“巴拉德”涂在皮板上。大约经过两小时，皮板膨胀，使油脂、残肉与皮板脱离，并铲掉。待皮子自己干了，再反复揉搓，直到皮子柔软似绒为止。

在北方，各个民族都有自己的熟皮办法。

达斡尔族熟皮涂料用酒。他们把一种叫“哈哈面”（燕麦粉）的酸乳及多种对皮张能起到软化作用和有分解皮张硬结作用的“物”涂在皮子上，然后用锉刀不住地刮掉皮脂和肉片，将皮子阴干。然后再开揉，以达到柔软的程度。

赫哲族的鱼皮熟制方法与兽皮相似。

他们先是将皮子在火旁烘干，将皮子卷紧，放在一个木槽之中。

这种木槽带“牙口”，上下张合，取动物嚼食食物时的规律。然后举起无锋的铁斧或特制的木斧不断去捶打，使皮质变软。

东北各民族熟皮子制皮件的重要阶段就是使皮板子软化，然后分解皮子上的肉质是熟皮子工艺中的主要程序。各民族做法虽然不尽相同，但用料的方式和工具基本上一致，这是中国民间生活的主要技艺。

赫哲族的鱼皮衣

四、手闷子

人，特别是生活在北方的百姓，冬天只要手和脚暖和了，身上就会暖和。这一点他们懂。

因此，手闷子（手套）的制作就特别精心。

手套、手闷子都是用“皮子”来制作。

东北的这种手套（手闷子）一般都是一个棉皮套，使四个手指能并拢地装在里面，只有大拇指单独突出，以便抓握。

它不像今天的手套，分五个指头。

其实，这是和地域气候有关。

这儿寒冷无比。如果五个指头分开，就会使热量分散，不利于人在户外劳作。

狍皮手闷子

萨满所使用的手闷子

上图是一只萨满手套（手闷子）。

就是萨满所使用的手闷子，也是同样形状的。

不同的是，萨满所使用的手闷子上，往往要画上北方民族祭祀时所崇拜的各种动植物图案，以表明他们的信仰。

手闷子为什么不叫手套？这其实是区别于它的形态和式样。

“套”，是指将指头一个是一个地套在手上，所以叫手套。而手闷子，是指将众多指头“靠”在一起，让热量“闷”（保存的意思）在里面，留在里面，所以称为手闷子。

这种叫法既科学又形象。

做手闷子多用鹿皮、狍皮等动物的皮张。

鹿皮手套之一

上图是一副鹿皮手套。

多数手套之所以用鹿皮是因为这种动物最常见，取之容易，同时又因为鹿皮柔软，人的手在里边，不被摩擦，血易流动，便于劳作。

同时，缝制鹿皮也好劳作。这种皮张细，走针好过线。这是人们使用它的重要原因之一。

另外，鹿皮手套、手闷子整体如布一样，可抓，可卷，可回弯，这又是一大好处。

在北方的诸多民族，都喜欢使用鹿皮来制作衣裤和手套等。

在兴安岭、张广才岭，在长白山和北部一带的山林之间，这种用具是每一民族家庭中必备的生活用品，它的使用率是最高的。

许多皮子手套也被巧手的妇女装饰起来，一个是样式，一个是图案。

下图也是鹿皮手套。

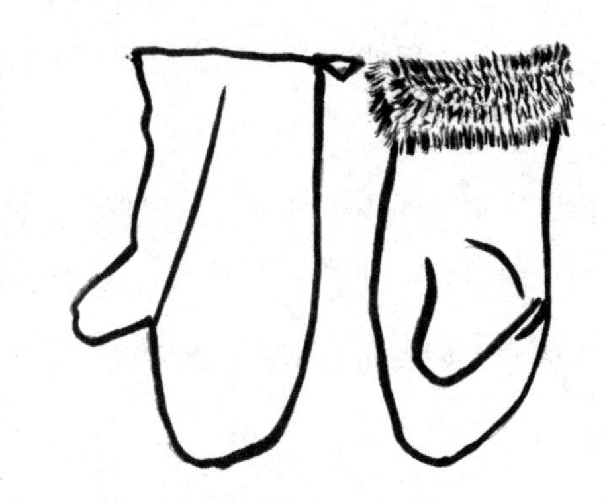

鹿皮手套之二

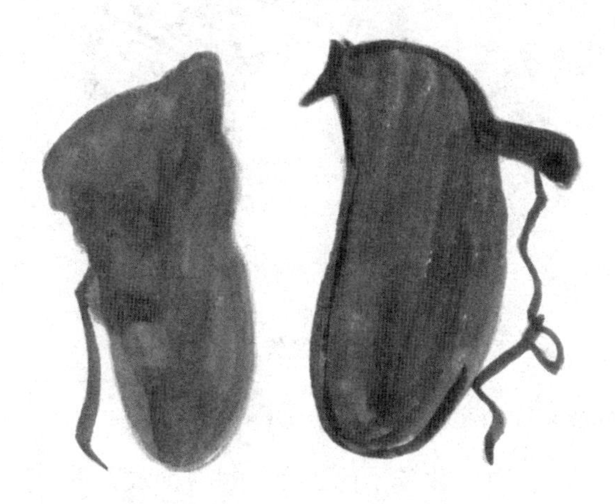

鹿皮开口手套

还有鹿皮开口手套。

样式往往随着皮张的大小、宽窄、松紧，做了松口、宽口或者紧口的不同式样。

松口和开口、宽口的手闷子，人便于将手伸进去戴上。这对于在院子里外干活的人来说，是一种合适的手套样式。

但如果上林子进大山，往往又是紧口的手套适用。

紧口，是指手套的手入口处做成窄口或用猴筋来抽紧，不灌风，不易松掉。

因在山里干活，常常是手不能停下，紧口便于干活的人应用这种手套，所以，其实手套的样式是和工种和地方要配套才行。

在北方，巧手的族人妇女也有把自己的手套、手闷子做上上各种花纹、花边，好看又实用。

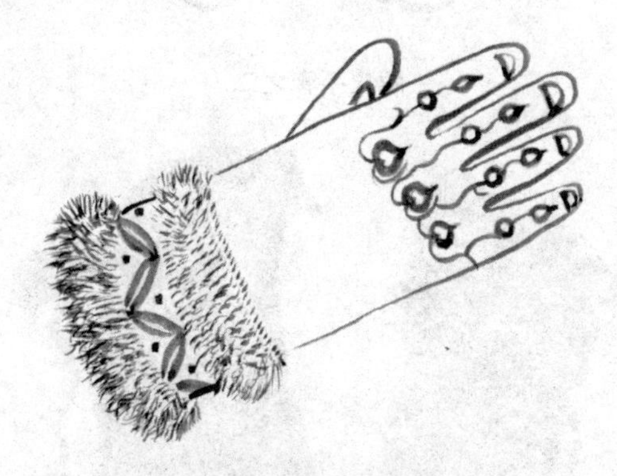

皮手套及装饰图案

皮手套及装饰图案让人非常难忘。

那些花纹，往往是由皮子的边角料拼并而成，看上去好看，却一点也不浪费材料，真是把皮子的应用发挥到了极致。

五、褥子和睡袋、皮袋

皮子的用处，太广泛了。

在北方，几乎没有一个人从小不是在皮子上睡大、长大的。皮子是他们成长的摇篮。

野猪皮垫褥是最常见的一种兽皮褥垫。

东北的老山里、山窝棚、地窖窨子、地仓子里往往潮湿发阴，而一旦铺这种褥子，什么问题都解决了。

山里人由于白天上山，晚上回来生火做饭，但炕洞子里的潮气一时半会儿的出不去，于是在炕上铺上这种褥子垫子，就隔潮防潮了。

还有的时候，这伙人进山，来不及搭炕，特别是那些放山狩猎之人，他们往往在一个地方住上一两天就走，来不及搭火炕。怎么办呢？于是就选择用这种兽皮来垫铺搭铺。

往往是砍一捆树枝子，在上面铺一些草和树叶，再在上面铺上皮褥子，就可以睡了。

这种方式是东北老林子里生活的人必须要学会和懂得的道理。

另外，就是睡袋。

睡袋是国外早有。在北美和阿拉斯加一带的印第安人每每外出，往往在冰天雪地里铺开一个大皮睡袋，人钻进去一睡完事。其实北方民族也早就使用睡袋了。

在中国的北部，在那茫茫的老林子里，生活在这里的民族早就

大皮袋

学会和知道使用睡袋了。

这种睡袋是一张或两张完整的大动物的皮子经过特殊的熟制，毛朝里缝好，人外出时一带即可。

这种睡袋，大而且暖和。

无论什么样的冰天雪地，只要将它铺在上面，又隔凉，又隔潮，真是再好不过的山林用品了。

在中国北方，皮子被普遍地应用在生活的方方面面。

如这种“皮袋子”，就是专门用来装斧子的“斧袋”。

斧袋，顾名思义，山林里的人装斧而用。

在北方的山区，家家户户和人人都离不开一种工具——斧子。

斧子又分开山斧、砍柴斧、砌炕斧、钉钉的斧子等。但无论什么斧子，用的人一定设法保护好斧子的头和刃的地方。

为了做到这一点，生活在这里的人就发明了皮制的斧袋。在用完斧子后，将其装在斧袋里面，既保护了斧头和斧刃，同时又便于携带。

皮制斧袋

皮子被广泛地应用于日常生活的各种活动中，被制成种种袋子，口袋，皮袋，装盛各种各样的物品物件。

纹饰皮包之一

上图是一件鄂温克鹿角纹饰皮包，是用鹿皮所制。

从这些花纹花饰上看，出于一位巧手的山林妇女之手。皮包的四周还保留着鹿的柔软的毛茬，给人一种生动和自然的野生气息。

在皮制皮包上绣上花草，体现了主人的心思。下图是一件皮绣背包。

在北方，在那寒冷的大山林间，其实人类的智慧和天才的创造

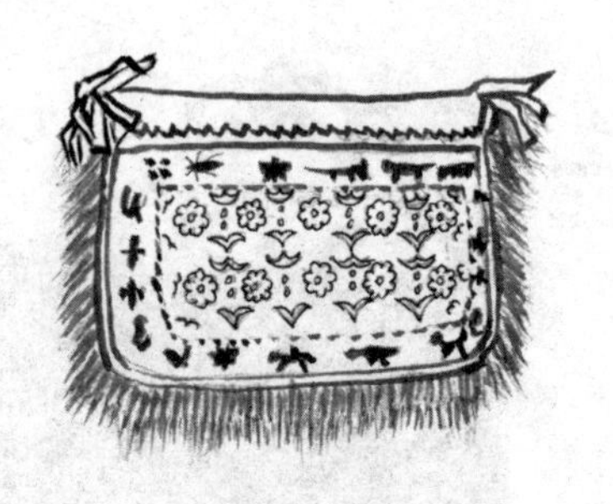

纹饰皮包之二

一时一刻也没停止过，那是因为这些角落里住着勇敢的鄂伦春、达斡尔、鄂温克等猎人。

他们在自己的生活中，其实已经是在时时地创造着人类生活的知识，把他们的智慧展现在日常生活的方方面面了。

在皮制品上绣上他们创造的艺术，就表现了这种天才和无尽的才华。

皮制品样式和花纹

皮制品样式和花纹的五彩缤纷，使得人类对民间皮艺刮目相看。瞧上图这件皮毛镶嵌背包。

有许多时候人们震惊，这是皮的吗？它们已被制造得如同江南水乡的布料一样的柔软和精致，简直同上等的布料可以以假乱真。这种手艺，其实都与当初选皮、熟皮的过程和手艺有最直接的关系。

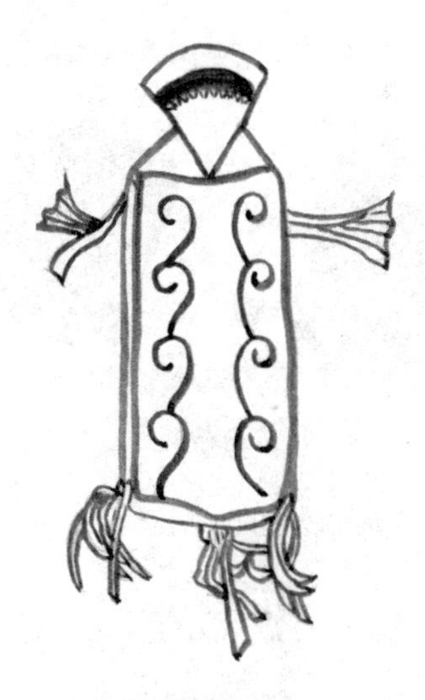

筷子皮袋

就连北方民族生活中使用的筷子，他们也给做上一件“皮袋”。装筷子的皮袋被制作得细长而美丽。上图是一件鹿角纹饰筷子皮袋。

当许多筷子装进去，上面的一个“扎口”一系，于是筷子在里面干净又保持了安全。无论是行走还是骑马，都不会掉出来。

看来，皮子被应用得太广泛了。

北方，人经常要骑马而行。骑马携带东西，怎么样又安全又方便呢？

于是，聪明的先人终于想出一种可以在马上用的袋子，叫“马鞍带”，用来携带物品。

马鞍袋，往往是用上等的皮子而做。大多是牛皮、野猪皮或鹿皮。一定要结实。中间用一条皮带子连接两个袋子，搭在马鞍上。

皮马鞍袋

此外，还有鹿皮背窝、火药瓶等。

鹿皮背窝

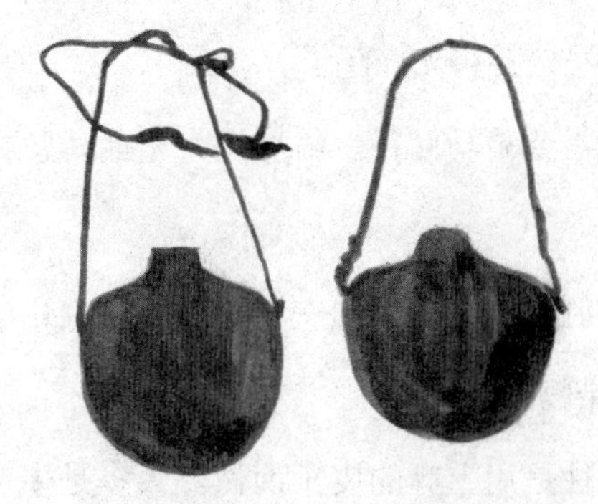

火药瓶

各式各样的皮口袋

至于各式各样的皮口袋，简直叫人百看不厌，爱不释手。

六、皮人

皮子，什么都能做，就缺人自己了。

难道皮子不能做人吗？

其实在很久以前，生活在北方的民族就已经用身边的皮子来自己制造自己、塑造自己了。

用皮子造出的人，我们称为“皮人”。

皮人，其实是皮神和各种皮偶。这是人为自己造出来的神灵或精神上的寄托。在某一点上说，他们比人自己还要高贵和神圣。

下图是老祖宗神，人形披熊皮，一个是沙格弟玛发，一个是沙格弟玛玛。

在北方民族中，这些使用皮子来制作出来的“皮人”被称为

皮　人

神偶。

人，不能没有心灵的崇拜。神偶是人心中的偶像，它表现了人类的一种思想和精神，它传承着人类的思想和情感，它表述着人类的行为和性格。我们因此注重对北方民族皮人神偶的研究。下图是一对皮神偶。

皮制的“翁古达”

这是一个皮制的女“翁古达”和一个皮制的男“翁古达”。

翁古达，是蒙语，神人之意。完全使用皮子来制成。

用皮子来做人物，北方民族是能手。

主要是他们生活中每天接触皮张，对皮子的性能充分地了解，使用起来就恰到好处。

皮人的衣裤完全采用常人使用的皮料，一些细节，特别是眼睛、眉毛、嘴巴、耳朵等部位，可以使用一些特殊的皮料。

下图是熊皮赫哲老祖宗神偶。

赫哲老祖宗神偶

这里所说的特殊皮料，是指那些皮子的角料，硬度、形状、块块，都可以根据自己对人物的刻划和造型来分配。

你看，许多北方的“皮人”，被一些民间皮艺艺术家构建得活灵活现，天衣无缝。

我们许多人曾经惊叹北方民族皮艺的天才手艺，真是令人叫绝。

各种皮人都是主人根据自己的信仰和皮人本身的存在意义、功能而去分配皮料，设计造型和制作的。每一样都要有每一样的作用。

下图是北方达斡尔族皮神偶。

达斡尔族皮神偶

这种皮人，是人类的珍贵皮艺遗产。要保护这种遗产。

下图是满族何姓供奉的皮面具人物。

满族何姓供奉的皮面具人物

下图是用皮子制作的神鹰皮偶。

还有赫哲族司皮神偶，称“包勒欺奥讷”。这些司皮神偶，都显得十分的神奇。还有鄂伦春族佐尔布如坎皮神偶是悬挂起来的画饰。

神鹰皮偶

七、皮子艺术

后来，当人类走进生活深处才发现，离开皮子人就无法生活。

在从前，在那没有纸张的年代，人是靠什么去传信写信，去表示自己对另一方的思念和情感呢，今天我们终于明白了，原来是“皮书”。

皮书，就是把文字刻在皮子上，送给对方去读。

在我国第一批国家级非物质文化遗产满族说部中，在由富育光先生口述整理的《雪妃娘娘与包鲁嘎汗》之中，就记录了北方民族是如何以“皮书”在各个部落之间传递信息的。

写在皮子上的皮书曾经在北方民族的生活之中传承了千百年。皮书让人把皮子的熟制历史推前了若干年。这是人类文明的记忆。

在经历把文字写在树叶或树皮上的岁月之后，将文字写在皮子上就是人类的一种进步，也说明人类开始认识到皮子的作用了。这是皮子进入了文化的时代。

随着皮子被更为广泛地应用，各种用皮子制作的图案和花纹相继地出现了。

皮子上的花纹艺术包括画在皮子上的图案和用皮料来制作的花样。

皮子花纹艺术

画在皮子上的图案，是一种特殊的手法。

皮子上画花纹和图案，不易着色。这就要设法去考虑用什么样的颜料去绘制。

那时，北方的民族常在矿物质中选取一种颜料，用石头碾碎，调成色料。用这种色料涂在皮子上，画上花纹，不易褪色。

从前北方民族，如蒙古族、鄂伦春和达斡尔族皮艺艺人都这样做过。

还有，就是选择草甸上的植物在皮张上绘制出图案，这也要求着色，不掉色，且鲜明。

北方草原的植物中就有一种称为“靛”的植物，平常百姓用它来当颜料，从事布匹的印染。后来经过人们的注意，也选靛色来在皮子上画制花图。

今天，北方民族在保留下来的诸多皮艺品上，有许多还保留着用这种植物染料着色绘图的痕迹，为我们提供了使用原始色彩来进行皮艺创作的优秀作品。

除此之外，就是使用皮料本身对花色和图案进行表现和加工的皮艺作品了。

使用皮子本身的皮料，经过加工，表现人们要表述的内容，这也是北方皮艺的一个重要门类。

这种皮艺表述的，主要是“皮花”。

皮花，是一种贴张在皮子上的艺术品。

它往往由一小块一小块不同的皮子，有的涂上颜色，有的干脆就利用皮子本身的颜色，贴在皮张上，去表达一个思想。

这样的皮花，被称为自然原色皮艺。

我们在北方民族的皮艺作品中发现了许多这样的皮件。

在北方松花江流域的民间艺术中，大量的皮艺作品属于这一类。

而这些皮件，都是经过熟制和加工之后的皮子。所以，一定是先有皮子的熟制，然后才能出现皮花的贴制和表述。

而对皮子进行艺术加工和艺术创造的最为典型的代表作当然应该是指“皮人”——也就是皮影了。

皮影是人利用皮子来表述人的思想和生存观念的一种艺术，材料是皮子，更是一种精致的皮子。

皮影，从前又叫驴皮影。是指人们使用驴的皮张来制作出的一种影人。用来演影戏，所以叫驴皮影。

制作皮影的皮子，必须是经过细心的熟制、晾压，然后才精选出来的精皮。

皮　影

这种皮子，利于上色，画花纹和生活原色，突出表现人物的喜怒哀乐，以达到塑造人物的需求。

皮影的皮子，要便于上色。

这种皮子，已将许多矿物、植物的染色料应用在上面。同时又是选用上等的皮子部分，然后才能绘制皮影。

北方民族把皮影用皮的效果发挥到了极致。

还有一种皮艺，称为打皮声。

这是一种皮艺音乐。将一张皮子切割成不同形状，周边用木棒固定起来，抻直，拉平。然后经太阳一晒，和风一吹，它们便干爽起来。

这时，使用的人用两根小棍在皮子上面敲打，使之发出声音，称为打皮声。

女真符号打皮声

这和从前森林中的“树鼓”“木鼓”“皮鼓”一样，能起到相同的作用。

这是满族野祭树鼓，下图为鼓里抓柄。

满族野祭树鼓

从前，北方山林里的人常常将木圈刻薄，让其发声。安上抓手，一敲一击，发生“咚咚”响声。这使人联想到皮子也可以固定在树木之间，或挂在草上，然后敲打。

上图是满族古代野祭时使用的大型连体单皮鼓。

满族先民使用的连体单皮鼓，形状像一个屏壁。虽然不圆，但连成一片。是一种古老的皮鼓。

再在“鼓”上面刻画上各种人物、动物的造型，再一发出声音，简直就是“皮子”自己在述说着自己的经历。

这种艺术，既是皮子的艺术，也是音乐的艺术；是北方民族在熟知皮子特性的历程中迈出的极其重要的一步。

八、生活的响动

其实很早的时候，人类就被一种姿态所吸引。那就是“动”。动，就是走动和舞动。走动，是人生存的行为。去自然界中求生，我们称之为奔波。那些奔波的岁月中充斥着人的喜怒哀乐，于是人们又去表达，那便是舞动。舞动最先始于对老天和祖先的祭祀。

岁月使人类记下了无数的舞动，静止的和动态的。

人类不停地舞动，把一种心灵的东西展示出来，这使人类自己保留着一种历程，舞动，是人把一种神圣传递下来。

舞动是人生存活动的重要部分。特别是人要对自然和祖先的神灵进行祭祀的时候，这种动作就更是不平常和不普遍了。而这时，人便会发现，人们的手里离不开一样东西，就是在今天，人的生活也没有离开这东西，那便是一面圆圆的，敲打起来“咚咚”“当当”作响的东西，人类称之为“鼓”。

鼓是人类生活和自然中飘荡着的一切气息的源头。许许多多美妙而动听的动静，许许多多庄严和神圣的舞动，许许多多美轮美负的舞姿，都是发自这里，来自这里。这一点从此开始让人相信，鼓是人类生存形态的最早的存在。而鼓，又有诸多种类。如北方萨满所使用的单鼓、抓鼓、木鼓；如朝鲜族舞蹈中的腰鼓、长鼓、圆鼓；还有民间生活中的各种大鼓、小鼓、秧歌鼓和手鼓；等等。真是太丰富了。

各种鼓，带在人们的身上，走入生活的深处，进入人类生活的历程。鼓把人类生活之中的许许多多的难忘记录下来，又传播下去。

但是，无论什么样的鼓，也离不开形成鼓的重要的因素——皮子和皮艺。皮子蒙在鼓上（鞔 mán）形成了鼓，并使之发声，这才叫鼓。就像制成鼓的木制造型需要制鼓艺人去发明创造，鞔鼓的皮子的制成也需要一种精湛的手艺，去使皮子从原始动物的皮张一点点地变成这样一张能蒙在鼓上的皮张，从此开启了皮子的漫长的历程。其实人类是经过漫长而艰辛的探索历程，今天才终于盛开了一种熟练的手艺之花，也才使制鼓的技艺得以传承和使用。在中国，人们把能将各种皮张熟好并且去做成各种物件的人称为皮匠。皮匠，熟知皮子的工匠。

“咚咚”“当当”的鼓声其实是在讲述着人类生存的真实而丰富的故事，因为熟皮子制鼓不是一件容易的事。制鼓，首先要选皮张。

选皮张，就是确定上好的皮子来制鼓。一般都是选牛或动物皮张的脊骨部分。这一部分的皮子，硬朗，有抻头，抗拉抗造，适合于鼓皮。但在选皮张之前，首先要选出取皮子的“方位”。

方位，就是方向。

从前人类非常注意自己出发去完成一项心愿时所去的方向。今天，人们往往认为单纯确定方向是一种唯心的主观的想法，其实这种确定方位的做法含有着深刻的科学道理和生存经验，它预示着人们曾经总结出来的诸多生存历程。比如什么季节，什么天气，什么时辰去往何方，这都是有一定道理的。这表明了人类对自然的认识和理解。

朝鲜族长鼓

据《瑷珲祖风遗拾》（著名民族学家富育光先生藏书）所载，制作鼓（被称为神鼓）有很多崇拜礼节和禁忌，其中很重要的一条就是萨满要先用占卜的礼节确定出神鼓皮张的方向。

在茫茫的人自然中，人类从事一切活动是要靠“神”（也是一种经验收获）来完成的。当萨满确定了取鼓的皮张方向后，要由萨满委托内助神人几名，由萨满领着按占卜方向出发。不管前方是山是河，是森林是峡谷，都要一往无前。不许回头，不能回心转意。

这时，凡是遇见的第一种野兽（除貉、兔子、狐狸、狸子、刺猬、山羊、獾子、狼等小动物放过外）都被视为是神灵赐予的神鼓皮张，而且必须要猎得。

猎得做鼓的野兽一律使用陷阱来完成。

这是因为，毒箭、丝套、树网、天王阐、坐脚、镩等猎具虽然能猎得野兽，但同时也弄坏了动物的皮张，而制鼓的皮张是绝然忌讳伤着皮毛的。

从前，在古老的山林里，遇到犴子、鹿和野驴等，捕捉比较容易。可有时见到了熊、豹、雄性野猪的踪影就得必须经过细心的布置才行。

人们为了取得制鼓的野兽的完整皮张，必须学会对野兽平安活捉的手法。

常常为求得神鼓皮，氏族成员要奋勇参战，群智斗兽，人声兽吼，常常使北方的山林威风四起，场面惊险。做陪祭的小鼓，要根据野兽的身子大小，不浪费皮张。有时用犴羔、驯鹿崽皮革，兼捕獾、狼、猞猁、巨蛇等，有时也用一岁半兽龄的兽来选择。

据富育光先生记载，东海窝集部女真先民为海祭、江河祭还要专门做鱼皮鼓。他在先人讲述的长篇叙事歌《乌布西奔妈妈》中介绍，鱼皮鼓种类很多，有大抬鼓、祭神抓鼓、海祭小鼓等，多用鲸鱼、鳇鱼及海象、海豹韧皮鞔鼓。后来，人们才渐用牛皮、牛犊皮、马皮、蛇皮、犴皮、鹿皮等。为了制鼓，将兽类捕捉之后，要就地宰杀剥皮子，将血、肉、骨埋于地下，人不食。而且，人要对“兽坟”（埋兽尸骨的地方）叩头跪拜致谢。这时，萨满要敲鼓祭祀。众人围着兽或兽坟手舞足蹈，口中念念有词。大意是说：

兽啊兽啊，

请原谅人们这样吧！

这是山神让我们这样做的，

这是地神让我们这样做的。

别怪罪我们吧！

而你已经成了神的佣人，

住在鼓上吧！

我们会世世代代感谢你，祭祷你。

然后，由萨满将兽皮扒下。他们把兽皮先铺在林间草上让风吹日晒，萨满和捕猎者搭起帐篷来守候。次日才迁回驻地。

临离开之前，萨满还要叨念：

走吧，野兽，

和我们一起走吧！

和我们一起回家。

我们的家，就是你的家，

我们的舍，就是你的舍，

我们的吃食，也是你的吃食。

同时，将兽的爪、趾、喉骨、牙、膀胱、大小胸、雄性生殖器、尾椎骨等，放在晾皮楼中晾干。

每家都有这种“晾皮楼”。

那往往是一种用树杆子搭架起来的木楼，以便让风和日光从缝隙中穿过，将皮等物件吹干。

也有将皮子四边绷在木框上晾晒。

从前，制鼓的皮张多用雄性野兽的皮子，认为这样人会雄勇善斗，把雄畜的能力带入了鼓中。也有雄雌并用的。

在中国的民间，鼓无处不在。而鼓，各个民族都有。但做鼓，必须用皮子。所有的皮匠，只要你称得上是皮匠，不会做鼓是不行的。

做鼓的皮匠都会期望鼓更动听。

在北方，赫哲族称鼓为“温替思”，这种鼓是用鹅蛋粗的一卷长布，裹上柳木，成为一个刮子。这是一种三角形的刮子。

然后，用水去煮软乎了。

这时，鼓的周边已变成了二尺多长，上大下小鸭梨形状的鼓架。这时，再用鳇鱼鳔胶把接头粘好，拿到外面去晒。

晒干以后，再顺着圆圈外缘开一条小槽。这种小槽是放石子的。以便鼓敲打时石子助响用。

此时，要在鼓圈箍上下左右钻上四对小孔，穿上皮条。要把四根皮条集中到木圈的中心，拴绑在鸭蛋大的铜或铁制的环上，以便握鼓之用。接着，要把一张夏季的狍皮用木灰把毛全部沤掉，让它成为光滑的皮革，并趁着皮张的潮湿，再用鳇鱼鳔胶把它粘在鼓圈上。

做这种古老的皮鼓粘皮革时一定要粘匀，并留有一定的松紧度，以防干后“炸鼓”。

炸鼓，就是粘连太紧，当皮一绷紧，木质受不住那种收缩力，于是撑坏了皮子鼓帮。

更为神奇的是，粘皮子之前就要把小石子放入鼓圈的小槽内，不然以后就装不进去了。

这种鼓做好后，人击鼓时鼓会合着石子的撞击发出“当当”和“沙拉拉”的响动，使鼓有一种苍远和厚重的声调。

把动物的皮张变成鼓，是人的一种心理智慧过程。许多时候人们忘记了很好地归集这种体会。

从动物皮张到一张张鼓面，其实其间只相隔着短短的一个历程。当人将两个结果组合在一起来看时，那只不过是一个完整的生存所在。

熟成鼓皮要细心，对皮匠的技术要求一点也不能走板。特别是刮制阶段，非常费力，而且必须按老规矩去操作。

刮皮板和去毛有一定的时间要求，不然鼓皮出来后不白，也不美观，特别是“动静”（声音）不纯不正。

鼓面的晾晒阶段一定要及时地“翻板”、移动，使之接受不同方向、方位阳光的照射，和不同角度风的吹刮。

一般的情况下，要让鼓面自己阴干。

阴干是一种自然去潮干燥法。对鼓的效果有着重要的作用。

同时，从木板上取下的皮鼓面，已经是一张很典型的鼓皮了。

运到乐器厂之前，人要一张一张地检查。

检查，就是验证。

看看每一面鼓皮是否平直，是否干透，是否亮堂。

这几点要求，直接对以后鼓发出的声音有重要的作用。只有这样一些条件都达到了，皮匠的心也就放下了。因为不久，那一面面皮子将被人敲响，发出动人的声音传向外界。

在从前，北方民族可以用皮子做出“一切”。凡是生活中的一切行为，都能用“皮子”去表现出来。

九、脸谱

皮子的熟制技艺开启了人类研究东北精神史和文化史的一个重要领域，可是迄今为止，人类还没有很好地研究这个领域，对待这个领域。

皮艺给人类最珍贵的一部分遗产就是民间剪纸。剪纸所表现出的具有典型性的遗存，便是各民族丰富的剪纸脸谱。

脸谱，表现了北方民族生存的历程和心理。

如这件“柳神”脸谱，生动地表述出柳这种植物的自然形态，细腻而活灵。

剪纸其实就是“剪皮”。在从前，没有纸张，一切需要用剪纸去表现的内容都得用皮张去发展和完成，因此说，熟皮和皮艺是最早的剪纸。

皮面具

面具，民间又称玛虎。

据富希陆先生在《瑷珲十里长江俗记》中载："沙玛跳神皮玛虎，民间儿女亦戏戴皮玛虎，求趣乡里。"玛虎（mǎ hú），系满语，意为鬼脸面具。其实这也是满汉语的组合词，指以皮革缝制而成的面具。

玛虎是萨满跳神时必备的神具，也是民间娱乐、生活和各种节令习俗中不可缺少的道具，也是一种村寨的守护者，又被奉为氏族至尊的神祇。

据载：明季"女真部族城寨中，常有奇柱，称为望柱。柱头雕以怪兽，鬼面，怒人，常奉护瞒尼。亦依诸像以皮木绘雕面谱，跳马虎马克辛以娱"。

《吴氏东库祭谱》亦记述："原祖居下江，传奉皮脸神三头，妈妈神壹，熊头神壹，巴拉神脸壹。二祖阿塔里率族西迁，船逆水遇风，神器，仅余神书数册，岂非天意……"

由此可见，北方民族满族及其先民都曾有着丰富的面具文化历史，其中相当一部分是用皮张做的皮艺代表作。

根据富育光、石光伟、关云德、郭淑云等学者的调查，珲春、九台、黑龙江一带的满族直至解放前仍有面具神偶，并尊为瞒爷。

而据传，面具神偶有七位，均用熟好的白板猪皮所剪裁，也有用猪皮或鹿皮切成方形或椭圆形，然后用剪刀剪成面具形，并用猪血或鹅血涂唇，称“皮神”。

在这种久远的岁月之前，皮匠的手艺已经在各族中成为他们日常生活的主要内容了。我们从满族剪纸作品所遗留下来的作品结构上完全可以看出从前使用皮艺材料所遗存下来的痕迹。

作品脸谱上，人物夸张的线条和纹路，十分清晰地带有皮张刻画人物时的特点。

皮面具之虎神

如虎神脸谱上的虎头纹，虎的胡须，都把那种气氛用一种粗犷的风格表述出来。这是皮艺的特点。用纸表述，如果变细变雅，就失去了皮艺脸谱文化的原始风貌。

鹰神脸谱也显示出这种特点。

皮面具之鹰神

鹰的羽毛，明显加粗、加大。夸张的意味充分地表现在这些脸谱上。

早期的动物，鸟类的羽毛的表述，在皮子上面去展现必须会出现毛路的着重刻划和强调。皮艺去表述人类心理和意愿一定是按照皮质本身的那种特征去表述，或充分地利用了皮质的特色。所以才留下了这种风格。

今天的艺术家不可能用纸去表现出曾经以皮子的风格所表述出的作品的风格。因此，这种风格可以称之为原色的自然艺术，是剪纸艺术家表述出来的记载原始剪纸发源和来历的最好的解释。

皮质留下的脸谱风格，普遍的是美、苍劲、原色和自然。

如这副鱼神脸谱，它简直就是一张“挂皮”。

正面表现“鱼”，又要是脸谱，用“皮”艺的展示法，它正是“立”起来的思考形象。皮质的特点又直接去把它的嘴加须子凸现出来，形成脸谱的特点。

皮面具之鱼神

在通过脸谱和动物全面整体外观的表述过程中，皮质材料的厚度和结构，其实非常适合去表现精神和人类思维的心理境界。而剪纸，由于材料细薄，工具便利，它表现出的是更多的美丽和秀雅，却缺乏一种自然的原色，一种自然的苍凉、粗犷和美。

有一些剪纸脸谱其实直接就是皮示挂件。

树神，可能在早期，就是刻在树上。或者是以树皮和树叶等而为之。随着皮业的发展，以皮子为“纸”来表述人类的思维和情感就成了一件很正常的事了。

今天，我们从诸多的剪纸脸谱中认识到人类发展皮业所留下的生存感动。

我们可以听一听关云德口述历史。他是著名的民间皮艺艺术家，他的艺术历程对皮艺文化的物质艺术传承和与剪纸艺术的结合很有典型性。

我从小就勤快好学，愿意动脑子。每天去爷爷炕前给他倒尿壶，白天去草甸子上放猪，挖掘野菜。8岁那年的一天，阿玛（父亲）让大哥和二哥往西屋抬高桌，因为桌子面比屋门宽，两个人怎么也抬不出去。我在一旁一看，顺口说："你俩把桌子放倒，先让一头的腿出去，然后不就抬出去了吗?"大哥和二哥照我说的一试，一下子就抬出去了。阿玛在一旁看了高兴地说："还是我四儿子聪明。"

我家是长白山满族，是瓜尔佳氏。家里从前说道多。一到年节，额娘（母亲）和老姨就铰剪纸，贴得满窗户花花绿绿的。我在一旁看呆了，于是就让她们教我。额娘说："你小子家家，学什么剪纸?男人要学拉弓射箭、庄稼活儿，长大了好有本事养活老婆。这剪纸是老娘们的活，你就别学了……"

我可不听那一套。我和额娘老姨软磨硬泡，加上我有眼力见（眼中有活），总帮她干些零活，额娘没办法了，这才教我叠纸，剪嬷嬷人，怎么下剪子等，可把我乐坏了。

可是，正当我学得起劲时，十岁那年，额娘由于积劳成疾年仅四十九岁就撒手离开了我们走了，大哥二哥也娶了媳妇分出去过了，姐姐也出门子了。家里只剩下我三哥和一个五弟。阿玛为了不让我们哥仨受后妈的气，一直也没续娶，每天都教我们念书，干农活。

当时，我家和老姨家是邻居，我一有空就往老姨家跑，老姨就成了我的剪纸老师。因为父亲是族人中的"族长"，他得管理族人祭神后的各种工具，于是我就从父亲那里学会了修鼓、补鼓，到最后就做鼓了。

其实，我们从关云德的口述历史中也见证了这个民间艺人从剪纸到皮匠的两个领域的文化过渡。其实他把剪纸中的许多艺术表现在皮艺、皮子的熟制和裁剪、绘画上。而又把皮艺中的许多规律表现在剪纸上了，书中的全部剪纸都来自于关云德之手。

脸谱从前本来就是皮子做的。

因为“脸谱”从前就是人的“面部”。据富育光先生在《北方面具文化考析》（《富育光民俗文化论集》，2005年吉林大学出版社）中记载：“北方古代先民，对各种假面造型有着深厚的信仰和喜爱心理。这同他们初始的古代牧猎活动有直接关系。”

他又说：“以桦皮为角，吹作呦呦之声，呼麋鹿而射之。”他举例《瑷珲十里长江俗记》中载，“白熊皮盖面，狼伙不敢进”，“山鹿獐头骨遮身，不得其仔”（这是富老师的父亲富希陆先生在30年代撰写的瑷珲地区满族生活习俗的珍贵手记材料）。这已把脸谱同“皮艺”的关系讲得十分清晰了。

北方民族，他们常以头戴动物皮头帽，或脸挂动物皮质的面具去从事狩猎。足见这是原始人对自然和神灵认识的结果。

萨满文化最早期的意义和动因就是对浩渺环宇间超自然力的敬畏。在生产力极度低下的情况下，人类祖先还是为了儿女和家族的生存去与残酷的大自然进行搏斗，产生出许多在恐惧与企望中的无数幻想和对一种超自然力量的渴望。

脸谱给了人一种力量和满足。

他们希望脸谱表述的心理能给他们带来实现自己愿望的一种可能。他们制作它，是希望它存在。存在是连同于脸谱本身，都已成为一种永恒的存在。

因此，只有皮质的物，才能留下。

《魏书》载：“男子猪犬皮裘……头插虎豹尾。”

富老师写道，《东北边防辑要》中载：“奇雅喀喇，其人黥面。”

《东海沉冤录》载：“东海林中人酿椴槐花粉与紫兰胶涂面惑邪。”

《两世罕王传》载：“绥芬尼曼查病膏者，族亲制桦皮面盖其脸，避山躲患。”

富先生在其著作中载，《龙江县志》说：“额鲁特种族有祭祖者，先以木瓢挂墙上，画耳目口鼻状如人面，时以牲酒涂其所画之口，口边油脂积愈高，以为祖宗享食者多，必将赐福，否则不祥。”

又记：“达胡尔家父子兄弟若干人，其西壁草人亦如数，微具眉目，囊其半身。死去之，生增之。”

足见以面具、皮饰、脸谱表现对先人崇拜的观念已深深地渗透到民族生活的多层领域中去了。

许多萨满本身，自己就是上好的皮匠。

萨满做的面具，富有很神圣而肃穆之特征，特别是萨满要在各族特定的仪式、盛典中使用的面具，他们的制作过程，就更加的庄严和神秘。

比如制作牧神吉雅其，如收徒授业、祛病、招魂等活动。

这里有一点需要说明，面具使用完后并不保留，但保留的是这种制作技艺。

就是萨满本人也不能随便地增减面具的种类和形态及数量，这使得面具更加地具有一种神圣性和神秘性。如要保留，只能在萨满那里保管，人要用时，可去“请”。用完后还给萨满。

于是，制作和修改面具的只有他了。

他是什么人？不正是一个皮匠吗？一个北方民族出色的皮匠。

历史在岁月的时光中慢慢逝去。就是到萨满死去，这些面具也与他一起化为灰烬……

找到面具已实属不易了。

找到一个会制作面具的皮匠，就更不易了。

我们今天重视那被找到的皮匠，是为了唤回岁月失去的无尽的珍贵历程，人自己的生存历程。

第五章 皮匠所熟悉的动物

皮匠在使用皮子的同时等于让自己走进了一个丰富的动物世界。其实，包括人类自己也是自然界中的动物。对皮张的使用其实是人类在了解自然生命的生存历程和性格，掌握生命的形成规律，并在一种精神的载体中去探索物质和精神的关系，把一个丰富而多彩的生命层面打开，让人融进。

融进就是认识，就是走进。于是这让我们知道走进皮匠，就是走进自然，走进生活，也是走进人类自己。

皮匠由于熟悉各种皮张，他们对各种动物几乎无所不知，每一个皮匠都是动物学家。

长白山皮匠张恕贵说，一团皮子就是包在包里，他一看形状，就知是什么动物；上手一摸，就知是什么季节“下来”的皮张。下来，就是捕获下来的意思。当然，在接触一张皮子时，不出五米远他便能从皮子飘来的气息中知道它的珍贵还是一般，是否具备收的价值以及接下来的处理情况了。皮匠接触的皮子几乎涉及所有的动物。

一、鼠皮

鼠皮具备自然皮张之中上等的皮质。

它柔软，耐用，细腻，高贵，历来被人崇爱，尤其是一些有身份的男女贵客。这首先与鼠的天性及其皮毛特色有关。在东北，有这样一则传说，“鼠年能放山”，把鼠这种动物的精巧和灵活记录得活灵活现，因此也使人们在渴望得到和使用它的皮张时有一种精神追求和实用追求。东北民间有句话这么说，牛马年好种田，要逢鼠年去放山。

放山就是指挖人参。因为长白山上的人参不是年年都开花的，有的隔一年一开，有的隔好几年才开一次。但是若到了鼠年就不同了，山里山外的人都说，不论几品叶的，或大或小一律开花。

传说古时候，长白山区秋霜来得早，八月十五这天，老山参告诉参孩子们，在太阳落山之前，都把头上的参花摘下来，过一两年再戴。老山参有个宝贝女儿叫敖蒿姑娘，她非常喜欢自己头上这朵红花，不乐意往下摘，就偷偷地溜走了。来到一处清泉水边，对照清亮亮的泉水，看着自己头上的红花，更舍不得摘了。这时阿玛和额娘喊她，她就跑进树林里趴在一棵树下躲藏着，时间一长，竟睡着了。八月十五晚上月亮格外地亮，鼠王坐在轿里游山，呼呼啦啦一大群鼠兵鼠将前呼后拥，好不威风。正走着，忽然发现了一串红花，鼠王定睛一看，原来是一位睡觉的姑娘头戴的，仔细一看这姑娘长得太漂亮了。连忙下轿走到跟前欣赏着说：“天仙，天仙，真是天仙哪！”敖蒿姑娘被它吵醒，睁眼一看，自己被一群鼠辈围住了，忙问：“你们要干什么？”鼠王说：“美丽的姑娘，我是鼠王，我是来向你求婚的。”姑娘听了，后悔没听阿玛和额娘的话，天哪，我哪能嫁给鼠辈呢？可是后悔也晚了，这些鼠兵鼠将一拥而上，将姑娘塞进轿里抬走了。她大声喊叫，谁也听不着，被他们抬进鼠王府洞里锁上了。

敖蒿姑娘想，既然来到这里，再哭再闹也无济于事，得想个法儿让父亲知道我在这里，好想法救出去。于是，鼠王来时对它说：“你们这样野蛮地把我抢来，我死了也不会跟你成亲。要想娶到我，必须让我父母答应，明媒正娶才行。”鼠王就打发一个最有心计的老耗子去老山参那里为鼠王求婚。老山参正为宝贝女儿失踪而悲痛呢，忽见老耗子来替鼠王求婚，就一把抓住它，追问女儿的下落。老耗子说：“只有你答应这门亲事，你女儿才能回来！”老山参夫妇虽说想女儿心切，但是怎么能把女儿嫁给耗子呢？不答应吧，就不知道女儿下落，怕女儿在那里受罪，就寻思先答应，救出女儿再说。就对老耗子说：“我答应这门亲事了，快把女儿送回来吧！”老耗子说空口无凭，鼠王不能相信，你必须写婚书，保证给你送回来。老山参无奈，只好立下婚书，老耗子把婚书送到鼠王手里，打发一顶小轿将敖蒿姑娘送了回来。母女相见，抱头痛哭，老参王对女儿说：“你放心吧，无论如何我也不能把你嫁给耗子精啊！”第二天，鼠王披红戴花，锣鼓喧天地来娶亲，老山参当面对鼠王大骂一通，说你这是抢男霸女，休想娶敖蒿姑娘。鼠王眯缝着小眼睛分辩说：“姑娘是我们下晚在树林中捡到的，婚事是你写的婚书，我才来迎娶，你老山参想赖婚？我告你去！”老山参说：“随你告去，我等着！”鼠王气愤地写了张状子，告到天神那里。这年是羊年，羊天官执政，看了状子后，问鼠王那姑娘多大了？鼠王说：“十三四岁了。”羊天官把惊堂木一拍说：“你大胆，劫女逼婚，反来告状。再说年龄不到，不能婚娶。你这鼠头，竟然贪淫好色，给我重打上十大板，轰出天庭！”鼠王官司没打赢，还挨了板子，但也仍不死心。第二年是猴年，猴天官执政，它也没告成，接着鸡年、狗年、猪年，鼠王全输了。它连告五年，挨了二百大板子。第六年是甲子年，鼠天官执政，鼠王一看机会来了，就去见鼠天官，哭诉着几年的遭遇。鼠天官见同类有理，就传老山参开庭问话：“你女儿多大啦？”老山参巧妙地回答：“当年只有十三岁。”鼠王插嘴道：“我都告六年了，今年该是十八九了吧？”鼠天官说：“老山参，你写的婚书在此，如何抵赖得过，赶快回去准备嫁妆，秋后成亲，否则天不容你！”老山参回来犯愁了，怎么能眼睁睁地把女儿嫁给耗子精呢，但又没有别的办法。转眼到了秋天了，鼠王几次过大礼催婚，老山参推说没准备好，再延期两月。鼠王有天官撑腰，说话很硬。老山参好说歹说才推迟半个月。这天又来接亲，敖蒿姑娘偷偷地钻进土里隐藏起来。这一藏倒提醒了老山参，使它想出一个巧妙躲婚的办法来。他走到大门口对鼠王说：“成亲的一切都准备好了，但是，我们有个规矩，作为新郎必须得认准并亲手拽出自己的新娘。如果拽错了，就别想结婚。”

鼠王认为这事不难，就答应了。它万万没想到，老山参暗下命令，所有人参，不论大小，一律戴上一串红花。只见满山遍野的人参都顶着一串红花儿，鼠王看这朵像，看那朵也像，只好随便拔一棵。凑巧，它竟拔了一棵虎参，虎跟猫长得一样，是鼠辈天敌，吓得鼠王抱头逃命去了。第二年鼠王又去讨亲，老山参大门都不开，鼠王又去天庭告状，天宫里别的动物当令，都不给它做主。只好又等了十二年再告。可是这漫山成千上万串一模一样的小红花，上哪去找敖蒿姑娘呢？不知它讨了多少个十二年都没讨到。老山参为了小女儿不被耗子精娶去，一到鼠年就下令人参开花。留下了鼠年放山人准能挖到人参的习俗，也把鼠的机智性格记录了下来，同时也使人对它的皮毛有了一种钟爱。

在古代皮张又分“大毛”“中毛”“小毛”。灰鼠银鼠属“中毛”，“一抖珠”属“小毛”。中毛之中颜色不同或色的深浅不同，价格和皮质都不尽相同。但鼠皮是一种珍贵的皮毛已不变。

二、牛皮

牛皮是皮匠最熟悉也最常使用的皮张了，因为北方有“遍地黄牛”这句话。

牛皮的厚重可以让它给人类带来诸多的安慰和依靠，同时牛给人的感受是和牛皮一样让人信得过。那个关于牛和老鼠“属相排名次”的故事，把牛的老实和本分记载得一清二楚。

鼠是站在牛身上获得属相第一的，可牛却获得了人间对它的更

东北牛市

多的美誉和信赖。它的皮张给人带来的好处就说明了这一点。牛皮是北方民族生活的主要应用材料，特别是东北黄牛的皮。

东北黄牛是一种特别的品种。经过人类多年的培育，有一种新的“延边黄牛”已成为东北的主要牛类而在世界上也占有了自己独立的地位。这种牛，要由人每天给它们进行三次按摩，听一次古典音乐，可以调节它们的消化系统，使肉和皮子十分的优秀。

牛皮是东北皮匠首选的一种皮张。皮匠对牛皮的沤泡、熟制都是他们的主要工作。出的“皮件”也多，生活的方方面面都能用上。

三、虎皮

其实世上最为高贵的就是虎了，这种高贵包括它的皮毛和性格。

在冬天，当猎人在雪地上追赶虎时，它往往跑向结冻的河面或冰面。

到了冰上，它知道猎人是追不上它的。这时，它也在观察猎人。一旦猎人借助于“划子”或“冰扎子”（一种狩猎者专门在冰上行走的工具）追上来时，它便在猎人到自己身边之前，一头撞向冰面，使自己的胡须和皮子破损。它是不愿让自己完整的皮张落在猎人手里。

因此，皮铺在收购虎皮时，从前都要仔细地检查，是否撞坏了头皮，是否少了倒了胡须。

虎的胡须又称虎针，是一种珍贵的药材。据说有“长生不老”和“隐身”的作用。

传说有一个猎手得了一根虎针，没处放就插在自己的帽子上进城了。于是，奇怪的事情也发生了。他走到哪家摊位前拿东西都没人管没人问。开始他不知道怎么回事，后来才发觉是神奇的虎针起的作用，于是引发了一系列的传奇。最后隐身到员外的小姐闺房为小姐解闷，最终两人成了夫妻。

讲述这样的故事的最根本原因是让人知道得到一张完整的虎皮的不易。因为虎在倒地前一定要让自己撞坏头皮和虎针。而后来，猎人发明了“划子”，专门能在冰上获得虎的完整皮张，他要有一手捕虎的绝活。当他把虎撵到冰面上时，虎见猎人来追，自己一跑就摔倒了。当它还来不及撞坏自己的皮毛和头上的虎针时，猎人已捕获了它。

四、兔皮

兔子是东北平原上的灵活小动物。

它的皮细软，毛特别长，柔软而暖和，是人选取皮张的重要类别。

兔子给人的印象是它的神猛和“蹦”功。

人说它是一步五个垄沟，其实是指它的跳跃的能力。最典型的是说它“蹬鹰”的故事。

它在丛林中奔走，天上的鹰早已发现了它。

它也知道鹰来了。

于是，它先往柳树趟子里跑。

在东北，柳树非常的多，一般草甸、河边、江通一带都有大片大片的柳树地带，被称为柳条通。这里兔子爱吃的青草、小动物也多，因此鹰也来抓兔子。可是，兔子有对付鹰的办法。

它往柳树丛里跑是有一种思想准备的。一旦鹰对准它俯冲下来，它会突然地压住几根有弹力的柳条子，当鹰扑下来时，它猛地一松开，借着柳条的抽力和鹰下滑的冲力，那柳条猛地向天空的鹰抽去，往往瞬间抽得鹰浑身毛落，或抽瞎了鹰的眼睛。

还有的时候，它觅食的地方没有柳条通。当鹰冲来时，它跑着跑着，便猛地倒地，并且一翻身把四只爪子朝上，正好蹬在鹰的胸脯上。

鹰的胸脯部位是心脏，有时立刻就被兔子蹬死。这称为兔子蹬鹰。

兔子的皮毛最适合做帽子和坎肩。东北的皮匠比较喜欢这种皮毛，它轻飘好熟，便于操作。

五、蛇皮

在久远的历史中，蛇占据了人类的心灵。据说人类图腾观念中龙的最早形象就是蛇。蛇的皮质由于它天性的不停的扭动，使得蛇皮细腻而有很强的韧性。

从前猎人对蛇特别是大蛇（一般称为蟒），捕获时要费一番心思。在长白山里，有一类专门捕大蛇的猎手。他们有一种“绝技”。

首先是寻找大蛇。

捕大蛇往往守在山洞或者林子中有水源和人参的红松林里。当猎人发现了它的久居之地，猎人就要将一种“累刀”裹在身上，走向大蟒。

这时，那大蟒不知是计，反而张开巨口一下把猎人吞进肚里。但是它不知，就在它吞进人的一瞬间，猎人身上的累刀（一种专门设计的工具，刀片安在外边），已将它的肚子划开。

于是，猎人很顺利地从蟒肚子里走出来。

还有一种捕获方式是将一种“划刀”（刀尖冲上，安在一个木槽里）安在蛇经常出动的洞穴口上，然后在几百米以外，猎人手举一串熏了的烧鸡舞动。蛇闻到了动物的香味，便一下子蹿了出来。

由于它目视前方的猎物，不觉身下的“划刀”已经齐刷刷地划开了它的肚皮。

蛇皮的用处非常大，除了制作上好的乐器外，它又是萨满神服上不可缺少的皮质。古时更有“蟒袍”玉带之说，使蛇皮成为最重要和珍贵的皮质之一。

其实蛇皮又是重要的中药。它性味归经，甘，咸，平，有毒；归肝经，能祛风，定惊吓，消炎，消肿，杀虫。主治小儿惊痛，喉风口疮，木舌重舌，是一种重要的皮张。

六、马皮

马皮，主要是用来制作各种鞋子和生活的用具。它分布广泛，使用及取材方便又经济实惠。

马是这里最常见的动物。它们的生存能力强，与人的关系也较为密切，所以人们也往往在它们生老病死后，取皮而为之。

马皮和驴皮的皮张都很大，皮质也较好。

所以，山林和农村人家经常地选这些动物的皮张来制作生活用品。特别如“驴皮影”的“影子”，那是非用这种皮质不可的。

但人们像对牛一样并不轻意地杀马，往往等到它老、病死。不过，一些从事山林活动，如伐木拖套的套户，在山上干活经常会“伤马”。所说的伤马，是指马在拖木下山时，让树根子刺伤了，这叫“扎脚”。

有时马治不了，就死去了。

人用马皮，可以做成鞋子和各类皮具。它大而出件子，也属于较柔软和有韧性的那一种。

东北山林的老马

七、羊皮

在北方的生活中，羊皮是应用最广的一种普遍皮张了。羊皮主要是制作袄和裤。

羊皮又分成羊和羔羊两种。

成羊的皮毛粗而且发硬，但只要熟制成功，就可以制成像样的皮袄，用以抵挡北方寒冷季节的风霜大雪。而羔皮则是一种上等的皮货。

在我国古代的各种服饰记载中，羔皮衣是一些高贵和重要的官宦人家必备的裘服，如有一种叫“珍珠毛”的羔皮衣，简直昂贵无比。

珍珠毛，是指毛儿像珍珠一样洁白细嫩。

这种皮子是用胎羔皮即快要生产但还没生产的母羊胎中的羊羔

皮所做，难就难在十分难得，因而十分珍贵。

一般人得不到这种皮毛。往往都是在母羊怀胎时不幸难产亡故而获得，人们并不去杀怀崽的母羊。当然也不能排除一些达官显贵为了得到这种珍贵的服饰去杀母羊。

珍珠毛又被称为特殊的“小毛”。

八、狗皮

狗皮是东北民间最常用的一种皮张。

在东北，狗是比较普遍的一种动物，也是人的家畜，因此，人的生活原料很多一部分是来自于这种动物。

首先是狗皮的帽子为最多。

当然也有用狗皮来制作褥子和垫子等物件。但都要经过很好的熟制才行。熟好的狗皮常常被上山的山民卷起来背上山去。山地里潮湿，窝棚里有水。可是一旦铺上这种皮张，腰立刻不疼了。

也有的人家男人喜欢弄一块狗皮“腰搭子”，缠在腰上，护腰不受风。

最重要的是“护屁子”。

护屁子是东北山林人进山打猎坐卧时垫在身体下的一块皮子，往往用狗皮。

猎人由于长时间待在雪地上等候猎物到来，这种“护屁子”真正起到了保护人身体不受潮的作用。

还有土匪。一般他们出发去“砸窑”（攻打有钱的人家的住地）

时，往往要守候在村外树林之中等好长时间，护屁子也起到了重要的作用。

平时护屁子就绑在猎人和土匪后腰上。用时一搭拉正好垫在屁股下边，所以得名。

九、猪皮

猪皮是上好的皮张。从前人们穿的乌拉（那时乌拉等同于靰鞡）多是用猪皮而做，后来才多使用了牛皮。因为猪是家畜中最常见的一种，而且一般的庄户人家和山林里的山民，都经常杀猪。所以对猪皮的熟制非常有经验。

猪皮的熟制主要是“光板”，也就是刮毛熟制法。一般的情况下，在杀猪的同时，就去掉了皮上的毛，然后就是沤和熟制。

这和熟制牛皮差不多。不同的是猪皮毛稀，皮厚，易去毛。但许多人家特别是家猪，往往连皮都吃掉，并不使用它去制件。

从前使用猪皮是指野猪皮。野猪在山林里十分的凶猛，它们不易捕获。往往使用陷阱和“坐脚”（一种类似陷阱的猎具）来捕它。

野猪的皮厚、粗糙，毛不易留存，主要取皮张。

最常见的是用来做鞋子、兜子、包子、搭子一类的穿戴和生活的用具。野猪皮还能做雪橇，鄂伦春族叫它“特更色帕然汉”。在那里，大雪天他们找来一块野猪皮，孩子们坐在上面，两个人或三个人一组，前边的人用脚支地，后边的搂腰或抱肩，从山顶上顺雪坡滑下来，人们叫它野猪皮爬犁。

十、猫皮

猫皮是一种上等的好皮子。

它柔软而且毛细腻光滑，对于一些珍贵的服饰，猫皮是最重要的皮料。

但是平常人们所说的猫是指山里的“狸子”。狸是猫的一种，通常称为野猫或野狸子。它们生性灵活，狡诈，不易捕获。山狸们藏在山林间，在树上跳来跳去。夜间出动，白天多隐避起来。

用山狸皮毛做的大衣和马褂十分的珍贵。

在我国清代一些衣料记述中使用“山狸”皮制作的衣袄、马褂、坎肩都是非常珍贵的一种衣饰。

东北天气寒冷，用猫皮制作棉帽子也很普遍，不但暖和而且好熟好缝，成为生活在这里的人们分外喜爱的一种皮饰。

十一、犴达罕皮

在北方，有一种高大的动物犴达罕。

它们喜欢生活在靠近北方乌苏里江一带的密林中，特别是大小兴安岭和张广才岭一带。

犴达罕也是狍鹿的一种。它高大，皮子薄而大，适合制作皮袍和大衣。

当猎人在山林间捕到它，要立刻开膛取出五脏，剥下皮张，进行处理。

猎人往往先用雪或沙土搓去皮上面的血和油脂，然后在草或树枝上晾晒。

对于皮子的晾晒，其实多指阴干。就是让风来吹拂它们，而不是烈日的暴晒。阴干到一定时刻，要立即去“搓”。

搓皮子要注意，一定要使用相对柔软的有一定摩擦力的东西，如荞麦面、玉米面、绿豆面等，不然就硌坏了皮子。

十二、鹿皮

鹿皮是皮毛之中非常重要的一种皮张。

鹿　皮

而且鹿的皮张已广泛地列入了东北民族进贡朝廷的贡品之中了。

鹿的主要功能从前是取它的茸和血来滋补和入药。鹿皮主要是用来做铺坐的垫子和一些细小的包、搭子、兜子等用品。

由于鹿的皮子细软，一熟便可使用，所以皮匠比较愿意去处理鹿皮。另外，鹿皮柔软如布，甚至比布还细软，大多用来做内里的衬衣和短衫。

荷包和烟口袋的用皮也多选鹿皮。

在山里行走，抽烟人带烟料必须防潮，鹿皮有防潮隔潮的作用。而且鹿皮制作起来也容易穿针走线、绣花制朵，这是姑娘和媳妇们喜欢用的皮料。

还有，山里的水袋也常选用鹿皮。

山民们外出，翻山过岭，有时还要骑马走上几天几月，需要带水。这种装水的工具袋子也多用鹿皮。

装水起鼓，装得多。用完一团，收起来方便。这些都是鹿皮的良好作用。

鹿皮是山里人经常使用的一种皮张。在长白山和张广才岭一带，猎人们从前将诸多的野鹿捕来，然后使用其皮张制作各种物件。

十三、熊皮

在北方茫茫的东北森林之中，熊是人类最重要的对付的对象。它们生活在老林之中，一年四季以不同的方式形成了与人的关系。最可笑的是它们的“蹲仓”。

蹲仓，就是猫在树洞里。

严冬，当大地上被茫茫的大雪覆盖之时，熊们就进“仓”了。

仓，又分上仓和地仓。

上仓，是树的洞口在树的上部或树干的中间；地仓，是洞修在了树的下部或根处。这主要看树洞原先的位置。

熊们蹲仓，一冬天不出来，靠消耗自己体内一夏天贮存的脂肪为生，这就是人们说的舔自己的掌。猎人捕获它要有机智的技术。

往往先看是天仓还是地仓。

天仓，猎人要两人配合。一人端枪在射程之内举枪瞄准、等候；另一人去“叫仓”。就是用斧头敲打树干。熊一听有动静，立刻会窜到洞口上。这时另一个举枪的猎人要适机开枪。

所说的适机，是指熊已探出树洞大半个身子时再开枪。

不然，开枪早了，熊会掉头回树洞。猎人拿不出来。开枪晚了，猎人会遭到已经跳下树的山熊的袭击。

地仓一般是用扎枪去对付便可以了。

熊皮的熟制主要是保毛、去脂，使之更加妥善的加以保存并发挥毛皮的原始作用。这种皮张极其珍贵，除了毛外，还要看颜色。如白熊皮更是昂贵无比，一般是送给朝廷或重要宾客的稀罕之物。

北方的鄂温克人认为熊比狼厉害，所以他们往往供奉熊皮来抑制狼。他们以为保护神舍卧克喜欢驯鹿笼头，鹿皮、犴皮拧制的皮绳，还有白身子，尾巴尖上有点白的松鼠。所以猎人打猎不走运时就请萨满把供在舍卧克像前的两张松鼠皮子在火上抖几下，于是运气就会好了。

十四、猞猁狲皮

在东北，山林中的猞猁是一种灵物。

猞猁又叫猞猁狲，它是一种界于猫科和猴与狸之间的特殊的动物，它的毛皮极其的贵重和难得。

一是它不易被捕获。猎人往往下套，在林子中长久地等待才行。不然一旦套到它，它宁可咬断伤腿也要逃走。

二是它的皮张中最为珍贵的是耳朵和脚爪。

这一带的皮张精细而奇妙，而且做出的服饰和穿戴高贵无比。熟猞猁皮耳朵和脚爪，要选用北方江河中上等的珍珠粉，一点点去揉搓，才能保住它的原始风貌。

猞猁狲皮一般是用来制作男人穿用的皮袄、皮褂、皮裙、皮暖兜、皮坎肩、皮披风等。女人也有专选猞猁狲皮来制作衣物的。而且特别是不同年龄的人往往都选择使用猞猁狲皮。

十五、狐狸皮

狐狸皮，更是一种珍贵的皮张。

狐狸，是一种神奇的动物。它们在日常生活中很注意保养自己的皮毛，因此使得它们的皮子非常昂贵。从前，东北的银狐、火狐狸皮张都是要送给朝廷的必备贡品。而且，狐狸皮的衣帽，特别是围脖，那都是朝廷的达官显贵才能穿戴的高级物品。

不过从前，猎人可以享用到这种皮张。

狐　狸

另外，一些高贵的宫女、格格、太太可以用高价去购买整只的狐皮，然后整体地搭在肩上，称为“靠”。

这种靠，是指依靠它来展示自己的威风和高贵。一般的女人，在一种特殊的场合，如果没有一条像样的“靠”，是会被人瞧不起的。

另外，狐皮出“靠”，是指用它来掐皱和镶边，这就是中国服饰史上被称为上等服饰的“狐肷褶子”。

所说的狐肷褶子，其实就是指用狐狸腋下皮做成的短裙。这种短裙因为是由几幅料子在腰间折选而制成，所以称为“褶子”。

褶子，又是“折子”，便于折叠的皮子之意。

据说，明代崇祯皇帝专用这种狐皮做“褶子”。

他往往选用白狐那种素白，即绣腰围下边一二寸。

明清始用八幅，腰门细褶数十，让行动如水纹，美丽而高雅，只有银狐皮质才能达到这样效用。

更为奇特的是，从前的帝王将相有用“十幅”者，是指腰上的服饰要用十种颜色的狐皮所制，称为“十褶”。色泽淡雅，前后正幅，轻描细绘，动人无比。

熟制狐皮时皮匠要格外的精心才行。

十六、狍子皮

在东北，有一句俗话：

棒打狍子，瓢舀鱼；
野鸡飞到饭锅里。

这是说东北自然界的神奇，各种动物的多，不用别的猎具，一根棒子就可以打到狍子。

但狍子的憨傻是出了名的。

据说，狍子先是在草林里走动，它一看见猎人，立刻跑掉了。

可是跑着跑着，不见猎人追来，它便停下了。停下了就停下吧，它还要回去，想再回去看一看猎人是否还在那儿。

所以，聪明的猎人往往一看狍子跑了，他便点上一袋烟坐在那儿抽起来。往往用不上半袋烟的工夫，那只狍子准会自己乖乖地走回来。

狍子皮的最大优点是隔凉防潮。

它的皮毛厚密。熟好的狍皮，猎人和上山淘金、挖参、采摘、木帮、套帮者往往只带一张狍皮，就可以在老林子里度过一年四季。

夏天铺它，防潮防水，不伤腰；冬天铺上它，生暖发热，腿脚不坐病。真是一件好东西。

但熟狍皮时，千万要记住用玉米面子去搓毛里子，然后一定要把米面的渣子抖尽，不然时间长了，皮里边起虫子。

那种虫子专门去嗑狍皮的孔眼和毛根，一点点的，毛就会脱落，皮子成了“筛子眼”，整个狍褥就得扔掉了。

十七、貂皮

捕貂，东北称为“撵大皮”。

冬季，长白山兴安岭的山上落了头一场雪，捕貂的猎人该出发了。

他们先在貂出发的地点建一个“小院”，院子里挖上一口陷阱，然后开撵。

整个冬天，猎人在后边追，貂在前边跑。夜里貂睡，猎人也睡，白天再追。

转眼冬天过去了。

这时，山场上雪开始融化，草地上泥泞了，貂自动地回到它冬季出发的地方，一下子掉进陷阱里。

貂的皮张是最为珍贵的一种动物皮张，它主要能抗寒。

当年，貂皮是很金贵的，官府收貂皮税每张碎银贰钱捌分柒厘，民间能卖到十多吊。貂皮的贵重之处在于冬暖夏凉，适合做老爷们的帽子和太太们的围脖，而有权有势的朝廷命官，都希望用貂皮做大氅，雨水霜雪打在上面，又滑落下去，不湿一点里子。另外，貂皮柔软轻飘，穿起来不沉不压身，美俏绝伦。关于貂皮的功能，有趣的故事太多了。

据梁之先生搜集的一个故事说，一年，山外来了个打蹓围的，叫赵成。什么叫打蹓围呢？一般打围，都是三五成群，多者十几人，有赶仗的，有堵围的。有的人枪法好，打得准，嫌人多误事，愿意一个人进山林里溜达，遇上山牲口自己打，这就叫打蹓围。

赵成这年五十多岁，从十三岁就跟爷爷钻林子，摆弄大半辈子枪，有名的赵炮，他不但枪打得准，而且眼力好，隔沟能看出对面山头的是什么牲口，用手指一试蹄印，就知山牲口走过的时间和牲口的分量。

他是这年冬天来甸子街的，鹅毛大雪天，赵成在街上走着，就见一个上下一身黑的小老头在他前边溜达。这个人，从背后看，个不高。戴一顶缎子帽头，青衣青裤，走起路来腿脚挺灵便。叫他奇怪的是，所有的行路人，身上都落了一层厚厚的白雪，唯独这黑老头身上滴雪不沾。赵成心里纳闷儿，这老头穿的是什么衣裳呢？怎么不沾雪呢？他跟在这老头身后，想看看他究竟是干什么的。

这老头不紧不慢，脚下可挺麻利，赵成是跑惯了山的人，也有点跟不上趟。越是这样，赵成越想知道这黑老头的底细。他跟在黑老头的身后，黑老头左拐右拐，进了一家饭馆，赵成也跟了进来。

这黑老头人也真怪，不喝酒不吃饭，单单要了一个红烧鱼，空口吃菜。赵成呢？正好肚子饿了，买了十个包子一碗汤，和黑老头坐了个对面。他一边吃一边端详黑老头。只见他吃鱼不摘刺，两腮鼓鼓满满的，嚼半天才咽一口。

饭桌上，赵成问："老哥，家在哪住啊？"

黑老头小眼一眯说："不远，柳毛河。"

"正好，我想进柳毛河打围，咱们还是伴呢。"

"这十冬腊月的，可够冷啦！"

"有空仓子吗？"

"那倒有。"

"中。"

赵成和黑老头正唠得热乎，从外边进来个收山货的老客。黑老头一见老客，鱼也没吃完，起身便走。老客立刻堵住了房门，大声豪气地说："你站住！欠我的钱不给还想溜，把衣裳扒下来。"

黑老头立刻变了颜色，忙解释："我，我没欠你的钱，你让我走！"

"那不行！"

"你躲开！"

两个人打在了一起。赵成心里很不平，心里琢磨，就算欠你钱，也不能在饭馆寒碜人家啊！于是，他上前拉住老客，说："哎，人有脸树有皮，哪能堵着门扒衣裳呢？快别吵了，别伤了和气。"

"你，你躲开。"

老客拼命推开赵成，再看黑老头已经无影无踪了。老客火了："看，你包我的！"

赵成也奇怪，怎么一转身黑老头就不见了呢？他对老客说："我包你什么？"

"咳！我跟了好几天，好不容易堵住了，你给放跑了。误了我的大事！"老客说着一撅跶走了。

赵成闹了个没趣儿，背着猎枪进山了。他来到柳毛河，找了个仓子，打起火堆，便上山打蹓围。

这年冬天格外冷，地冻三尺，哈气成霜。赵成在山上转悠了半个月，别说是山牲口，连个牲口走的脚印儿也没看见，心里闷闷不乐。

热在三伏，冷在三九，寒冬腊月，能冻死人。特别是晚上，虽然生着火，但烤着一面，烤不着两面，仓子又透风，冻得赵成直打哆嗦，翻来覆去不是滋味儿。

这天晚上，赵成一觉醒来，头上身上都是汗。他很纳闷儿，这么冷的天，不筛糠就不错了，还能热得出汗？不管怎么说吧，反正没冻着。他做了点饭，准备吃了好上山。这时河边来了一个人。他一看，嗬，正是那个黑老头。黑老头老远打招呼："老弟，昨晚睡得好吧？"

"好，好，快来坐。"

黑老头坐下，问："怎么样，快当吧？"

“唉，快当啥。”赵成说，“半个多月下来了，一枪没开，米口袋都空了。看样子得下山了。”

“别忙，要几天。今天你到南坡转转，兴许能开开眼儿。”

赵成按黑老头的指点，吃完饭，背着猎枪上了南坡。南坡，是一片密松林，树挨树，山连山。前两天，他曾来过，什么也没遇上，今天他也并不抱什么希望。正无精打采地走着，忽听对面树棵子响。他立刻握住枪，躲在一棵大树后，一看，啊！从东头跑过来好几头大野猪，好像有人赶仗似的。赵成端起猎枪，对准一个，“当”的一枪，这家伙应声倒下，其他的都跑了。

傍晚，把猪弄了回来。黑老头又来了：“怎么样，今天快当吧?”

赵成高兴地说：“快当！快当!”

赵成为了感谢黑老头的指点，用快刀子切了块猪肉，炖在锅里，要和黑老头喝酒。黑老头说：“你先炖着，我回去取点鱼。”

不一会儿，黑老头回来了，真的钓了一条大鱼。赵成问：“天这么冷，哪弄的鱼?”

“柳毛河呀。”

“老哥真行!”

“吃鱼还费劲啊。”

“……”

老哥俩边唠边吃边喝，不觉三星出来老高了。黑老头说：“我得回去了。省得家里人惦记着。”

赵成也不强留，黑老头走了。他也歪倒睡了，还打起了呼噜，睡得挺香，第二天早起，身上依然热乎乎的。

不一会儿，黑老头又来了。今天叫他上北坡去打围。赵成真的上了北坡，又遇上了一群鹿，也像有人赶仗似的。他对准一个带茸角的公鹿就是一枪，当然没跑了。晚上，赵成把鹿拖回仓子，黑老头早在那儿等上了，而且鱼都炖好了。老哥俩照样喝了一顿，黑老头回家，赵成睡觉。

一连十多天，天天如此。赵成没有一天空手的时候，大小都能得点，心里很满足。可他奇怪的是，为什么每天晚上都睡得很暖和呢？这天晚上，他少喝了几盅，躺在炕上眯着眼听动静。不一会儿，黑老头悄悄来了，从身上脱下件衣裳，轻轻给赵成盖上，然后出门走了，赵成立刻觉得身上热乎乎的。第二天一醒，衣裳不见了。

又过了三天，黑老头对赵成说："山神爷要来了，你该下山了。临走，我没别的送你。你那天在饭馆救了我一命，我送你一件衣裳吧，到当铺卖了，回家吧。"说着，脱下一件衣裳递给了赵成。赵成正准备道谢，眨眼，黑老头没了。

赵成一算，也快到年根底了，打的山牲口也不算少了。便雇了张爬犁拉着回了甸子街。晚上，到店里住上，想起了那件衣裳。从包袱里拿出一看，哪是什么衣裳啊，是一件上好的貂皮。这时，赵成恍然大悟，黑老头原来是个紫貂精啊！怪不得身上不落雪，衣裳盖在身上热乎乎的呢。

赵成把貂皮拿到当铺里，卖了很多钱，回老家了。

关于关东山三件宝的传说，说法是这样，相传在桦甸江东的江沿上，住着一个老汉，领着一个儿子过日子，在江边上盖一个马架子房，种二亩薄田，收不收粮不要紧，每年都靠打围为生。

在他们住的岭后，有一个老汉，也是靠打围为生，一辈子跑腿儿，性格孤僻，不爱和人来往。岭前那个老汉几次劝他合伙儿，他就是不干。

一年立冬，半夜下了一场小雪。第二天早晨，岭前那个老汉的儿子到井泉子去挑水，发现了一溜小脚印，前尖后宽，看上去像个民装脚——小脚女人踩的。小伙子出于好奇，放下扁担一码溜了，这脚印是打松花江里出来的，离拉歪斜，走到井泉子进去又出来，朝岭后走去。看样子这脚印是打松花江西沿过来的。

小伙子端详了半天这溜小脚印，心里发毛，哎呀！这里很少来女人，况且又是大清早晨，脚印又是打江里上来的，又下过井泉子……是鬼吧！他顾不得挑水，回家气喘吁吁地说："爹！来鬼了！"

老汉这时候还没起炕。听儿子一喊，急忙披着衣服出来说："在哪儿？快领我去看看。"爷俩来到井泉子边上一看，果真有一溜小脚印。老汉一端详，那脚印好像民装脚印，可又不太像。仔细一辨认，倒像个矮脚野兽的后腿连着拉提拐地踩出来的。再看那脚印朝岭后走去，说不定会出乱子，就让儿子装好两支火枪，顾不上吃早饭，顺着脚溜子朝岭后码去。

果不其然，那溜脚印打岭后老汉的后窗户钻了进去。爷俩来到窗前舔破窗纸一看，哎呀，屋里的老汉还没睡醒，枕头边上蹲着一个白东西，二尺多长，雪白的毛，看上去像狐狸又不是狐狸。只见那东西前爪掀开老汉的被角，张着大嘴，正在琢磨着要咬断老汉的喉咙……

爷俩在窗外着了急。想要开枪打吧，害怕伤着人。

老爹悄悄对儿子说："你转到前边去弄个响动。"儿子会意，悄悄转到房前用手一敲窗棂。那白东西听见响动，抬起头寻找。说时迟，那时快，房后的老汉举枪瞄准那白东西的头，"叭"的一枪，把它掀到地下去了。睡觉的老汉也被枪声惊醒了。

爷俩进屋把这前后经过一说，老汉感谢爷俩救命之恩，把那白东西拎起来一看，原来是只白貂。它就把那白貂剥了皮，把肉炖上三个人喝了一顿酒。喝酒之间，岭后的老汉确实感到孤单，就答应搬到岭前合伙儿。搬家的时候，想把那张白貂皮捎上，看看不值几个钱，顺手扔在马架子房顶上了。

到了年底，永吉县乌拉街打牲乌拉衙门来了一伙人，问老汉收皮张进贡的事。老汉说："今年冬天也没打着像样的皮张，只有房顶上那张白貂皮，你们实在要，就拿去吧。"大伙往马架子房顶上一撒，只见房盖西头是厚厚的一层积雪；房盖东头扔白貂皮半截儿，连一个雪花也没有。大伙都挺纳闷儿。

一位头领感到这张皮子可能是个宝物。他命人取下皮子，搂了一捧雪往上一撒，不大一会儿，那雪都化了；用手抖落，连一个水珠儿也没进去。头领喜出望外，立刻把这张白貂皮送回乌拉街，又转道上北京进贡去了。

打那以后，人们才知道貂皮是个宝。加上人参、鹿茸角，合称关东三宝。

貂的故事吸引人，是因为它的皮毛有特点。还有一种说法，说貂皮是皇帝的“痰桶”。原来，皇帝都爱戴个貂皮套袖。来人来客，谈话时来了口水，往哪吐，直接就存在貂皮袖里了。

说着话，趁人不备一甩，走了。不沾水。

这都是把这种皮张的功能夸神了。

十八、狼皮

狼　皮

在北方，狼是平原上的凶悍猎物。狼，不易捕获。但是它们常常走入村屯，伤害人和家畜。

为了捕到它们，村人们想出许多奇妙的办法，才终于将狼们捕到。

狼皮其实十分的珍贵。

关于狼皮的珍贵的故事，有许许多多。

其中一个故事说，用狼皮做成褥子，人睡在上面不但暖和防潮，而且一旦夜里有了危险出现时，狼皮褥子上的毛便会立起来扎主人，使人警醒。

是否如此不得而知。但是狼皮褥子的神奇故事却让人领略了这种皮张的与众不同。

在北方，狼是很多的。

在荒凉的草原上，狼可以成帮结队地出现吃掉人和牲畜，而且，恶狼可以在大白天进到人家的院子里，公开大胆地在人家的鸡窝中掏鸡来吃，真是可恶极了。

有个人，去甸子街（旧时抚松的老名称）卖牲口，叫九只花脸狼给截住了，咋过也过不去。这一带叫半截河子，村里有一家姓苏的猎户，是个外乡人，带两个孩子，在他一个远房的三叔家落了脚，一听说花脸狼在这一带伤人，他就膘上了。一连气打死了七只，还剩两只老花脸狼了。这天晚上，老苏头让牲口贩子把牲口赶进他的院子，他预备个垛叉，就在窗台底下搭个铺守着。

晚上，只听牲口圈里“扑通”一声，老苏头衣服也没来得及穿上，只穿着个裤衩子，就起来了。狼一看来人就跑，他一垛叉就插上了。花脸狼没死，一口咬住老苏头腿肚子不松口。

这时，老苏头的垛叉也拔不出来，狼也不松口，苏老汉疼得浑身发抖，也没劲了，想喊来人，可是发出的声音“吱吱”的。

屋里的人就听见好像有人喊：“三婶……”

他三叔说："谁？"他三婶说："谁在喊我！"

他三叔和几个人出去一看，才知道苏老汉都吓变声了。抬进屋不几天，老汉连吓带伤，死了。老苏头死后，扔下两个孩子，那年也就是十一二岁，听村里到处传说爹临死前都吓变声了，夸海口说打尽花脸狼也没打利索，心里不服气，要替爹爹除掉这只狼。这一天，他们一人拿个小斧，一人拿着套子就上了山。

那时，九只狼就剩下一只，这才奸呢。它总是躲开猎人的套子，从不走回头路，小哥俩就动了脑筋了。

再说，离这家不远有一座老爷府，谁家死了人都上这儿来烧纸送汤。可是最近，老爷府后边总出事，好几家姑娘媳妇去烧纸报庙都让什么咬死了。村里传说有鬼，天一黑，大伙就不敢出门了。可是一到夜里，老爷府后的林子里就传出哭声，就像女人哭爹喊娘一样，细一听，还有"嗷嗷"叫声。苏老汉的两个儿子明白是咋回事了。第二天，小哥俩在老爷府前后左右的草丛里下上了套子。一连三天，没有哭声。第四天早上，哥俩早早上了山，只见套子上套了个东西。

哥说："那是什么玩意？"弟说："狗。"哥说："不像。你看它直龇牙！"

哥俩上前按住，用屁股压着那家伙脖子，把腿和脖子都绑上了，嘴巴勒得紧紧的，拖回村去了。

一进村，大伙问："什么玩意？"就围上了。

"狗，也不像啊。"有些人根本不信俩孩子也能逮住狼。说："起个名吧，就叫‘兔孙’吧。”“兔孙抓它干啥，放了吧……”说着，动手去解。

这时，一个老爷爷走过来，看了看说：“别动！这就是老花脸狼，快成气候了。老苏家俩小嘎真能耐。”大伙一听，吓出一身冷汗，一顿家什把它打死了。从这，夜里老爷府再也没有女人的哭声了。原来，老狼是专门在老爷府等着小哥俩去哭爹，好吃他们，没想到上了小哥俩的套子。从那，爷仨打狼的故事就在这一带传开了。

在北方的狩猎习俗中，一个勇敢的猎人往往要有一件“狼皮背心”，才算英雄。

据说，一个真正的猎人能获得一件狼皮背心，也是不容易的。好狼皮背心，猎人外出穿在身上，一有人在背后袭击，狼毛立刻立起来，给猎人“报个醒”；晚上睡觉，铺在身子底下，一有什么风吹草动，狼毛就会立起来报信。

这是怎么回事呢？据说，做这样背心或褥子的狼皮要活扒才行。

这样的狼，猎人要从小养着。当母狼生下一窝狼崽时，猎人要观察好狼洞的位置，某一天，当老狼出去打食时，猎人要大胆地钻进狼洞，用钢针扎瞎小狼的眼睛，放出眼水，然后赶快退出。

老狼回来后，不知自己的孩子为什么看不见什么了，只是一个劲儿地打食来喂。

而小狼呢，由于瞎，一个个的不敢出洞，从此皮毛不经风吹日晒，长得又油又亮，十分滑润，更主要的是，小瞎狼由于眼瞎，造就了它们灵敏的生存神经，一有动静，立刻反应在皮毛上，于是，一种珍贵的皮毛便形成了。

到了秋八月，小狼们一个个长成了。这时猎人趁某一天老狼不在，大胆地钻进狼洞用袋子把它们一个个地活捉，背回家，再一只只地活扒皮。

活扒的狼皮，就具备了上述的特点。猎人谁获得了这种褥子或背心，就说明他机智和勇敢。狼肉不好吃，打狼主要是为了要皮张，狼皮也是很值钱的。

十九、鱼皮

传说在很早很早以前，生活在黑龙江和乌苏里江一带的赫哲族就专门穿鱼皮制作的各种服饰。

就是在今天，生活在那里的渔民家家依然可以找到一两件由鱼皮制作的东西。

鱼皮制衣，已有久远的历史了。而且，鱼皮还可以制成靰鞡来穿，做这种物件前，也要对鱼皮进行要求很严的熟晾过程，不然不能使用。

松花江上游的渔民捕鱼有个规矩，任何打鱼人不准用眼儿小于三指的鱼网下水打鱼。这个规矩有个来历。

据说早先年松花江上游没有湖，两岸森林中住着巴拉人，有户扎拉里氏张姓小伙叫张小阿，腊月初八上林子里没打着野物，他顶着刺骨西北风夹着小雪，来到江上，想找个背风的地方避一避风。抬眼望去江汊子被冻干了，就找一个冰窟窿钻到冰层下边去了。冰

鳇 鱼

上西北风嗷嗷直叫，冰下却一点风丝都没有。小阿直着身子往前走也不碰脑袋。越走越宽敞。往前不远有个大水坑，有个姑娘在抓鱼。她两手拽着一条大鱼尾巴使劲往外拽，大鱼拼命往水里挣，把姑娘累得满头大汗，小阿急忙上前帮助那姑娘把鱼拖出水坑。抬头一看这姑娘长得真俊，乌黑的头发，长长的眼毛，鼻子、嘴都很秀气。身穿一个葱心儿绿的旗袍，外边罩着一件翻毛皮袄，显得格外苗条。姑娘用手擦了擦汗，回头向小阿道了谢，然后说："这鱼太大，你拿去吧，我不喜欢吃大鱼，我抓小鱼。"说完又抓小鱼，张小阿一想，天这么冷也没法打猎了，就帮姑娘抓起鱼来，抓了一气儿，觉得天不早了，起身要走。这时姑娘说："外面的风那么冷，你这身穿戴会被冻死的。"说着脱下自己身上的小褂皮袄，递给小阿，小阿一想天也实在太冷，就接过来穿在身上，扛着大鱼回家了。第二天，小阿想送还小皮袄，可是不知道姑娘的家住在哪，他想了半天，决定再到抓鱼那地方看看。他又走进冰窟窿，见那姑娘还在抓小鱼。他高兴地送还了小皮袄，表示谢意。然后问道："我不知道应该怎么称呼你?"姑娘说："我爱在江边攉弄水，那你就称我穆克（满语，水）格格吧。"说完她笑了。从此以后，张小阿总爱到这冰窟窿里来，帮着姑娘抓鱼，一来二去的，张小阿就和姑娘有了感情，向姑娘求婚说："你真美，我愿跟你在一起生活一辈子。"

穆克格格见小阿忠厚老实，心眼儿好使，就劝他说："你该知道自古美貌是祸根，你跟我结婚，会给你带来灾难，还不能白头到老，我实在不忍心。"可是张小阿非要和她结婚不可，穆姑娘无奈只好答应他。张小阿把穆姑娘领到家里，全家人看到这位长得天仙似的姑娘，都喜欢得不得了，这山沟里突然冒出个这么聪明美丽的姑娘，远亲近邻都来看。全家特别尊重她，听说她爱吃小鱼，就搬到江湾子住，因为老张家先搬来的，就叫这地方张家湾屯。后来在山里住的人看老张家打鱼富了，就都搬到张家湾来了。张家夫妇相亲相爱，一晃过了好几年了。有一天，穆克格格打个咳声说："我跟你说过，我会给你带来灾难。"张小阿说："难道就没有解救的办法吗?"穆姑娘说："最好的办法就是早点离开你。"小阿说："难道你不爱我?"张小阿说着眼圈就红了。穆克姑娘急忙劝说："小阿别哭，你要想不离开我，只好这么办。我有三件皮袄，你要在三伏天每伏加一件，只要你能挺过三伏，我们俩就永远在一起了。"小阿一听高兴地说："别说三件，就是三十件我也穿。"穆克姑娘说："伏天穿皮袄，可不是件容易的事儿。"小阿说："只要咱俩能在一起，就是上刀山下火海我也不怕!”入伏这天，他按媳妇说的，在当院放了一张木床，穆克姑娘递过一件草绿色的皮袄，小阿穿上了，不一会儿就热得红头涨脸，穆克姑娘坐在身旁给他擦汗，头伏十天过去了。到二伏了，媳妇又给他加了一件金黄色的皮袄。一上身毛孔就像一条条小河，一下把汗全淌光了。小阿只觉得眼前一阵阵发黑，只顾张嘴喘气。媳妇心疼得泪水不断往下淌。一边擦汗，一边饮水。就这样又熬过了十天。到三伏这天，穆克姑娘拿出一件绛紫色皮袄，没等往小阿身上披，她的手就哆嗦了。这件皮袄一上身小阿就像进了火炉，就直觉着身上的血都往头上攻，气也出不来了，直翻白眼。穆克姑娘赶忙去揭这件皮袄，张小阿却一把拽住了媳妇的手，不让她揭。俗话说，冷在三九，热在三伏。秋后这一伏，真是秋老虎。太阳火辣辣的热，走道都得打着伞。人们都在树荫下乘凉，小阿却在太阳下穿着三件皮袄，这不要命吗？不一会儿，张小阿真的热昏过去了。媳妇赶紧从水缸里舀水往小阿脸上浇。过了一会儿，小阿苏醒过来，可刚睁开眼睛又昏过去了。媳妇再浇水，就这样一天发昏好几次，也不知填了几缸水，总算熬过了三伏。出伏这天，小阿脱去了皮袄。媳妇特别高兴地对他说：“这回你能熬得酷暑，度得严寒了。在陆地、水中都能得到快活。我们可以永远在一起了!”两口子兴奋得跳起了莽式舞，家里人特意做了一顿饽饽庆贺。

这天布特哈衙门总管来收渔税，总管一看穆克格格，立时惊呆了，因为他从没见过这么漂亮的姑娘，马上想出歪道说：“布特哈衙门要张小阿去打鳇鱼进贡。”乡邻们看透总管不怀好意，都劝张小阿不能去。张小阿上前问道：“我去给我什么报酬？我不去又能怎么样？”总管说：“你若去打鳇鱼，可免全屯子三年的渔税。不去嘛，这是违抗皇命！”穆克姑娘知道灾难来了，就走上前问总管大人：“若是我们夫妻同去，你能永远免除张家湾所有渔民的税吗？”总管一听说：“可以。”乡亲们听了急忙喊道：“他们没安好心，你们两口子不能去呀！”穆克格格不慌不忙地对乡亲们说：“请放心，我们自有主张。”总管大人当时立下字据交给了乡亲们保管。张小阿夫妻俩就驾船跟总管一起走了。穆克姑娘拿出那件绿色皮袄，让小阿穿上，他俩就手拉手跳进了江里。一到江底，张小阿这件皮袄可管用了，他们走到哪儿，哪里的江水就分开一条道来。比在陆地还自在轻松。

总管一看这两口子投江自尽了，又返回张家湾要渔税，乡亲们手里有免税证据不用上税，反而向总管要人，吓得总管只好回到衙门再也不来要税了。乡亲们听说张小阿两口子投江了，都驾船撒网打捞他们尸体，可是捞遍了松花江也没捞着。后来，乡亲们在江里打鱼，隔三岔五就看见张小阿和穆克格格在江边抓小鱼儿，可是划到跟前一看，却是一对雌雄不离的水貂。一看有人来了，就钻入水里。不久，松花江里就有了许多彩色鲜艳的水貂。人们都说这是张小阿和穆克格格变的。这两口子是为了张家湾免除渔税，才跳江的，人们永远也忘不了他们。为了把江中的小鱼留给他俩吃，就立下一条规矩，打鱼网眼不准小于三指。同时，也是为了繁殖鱼类，把鱼崽都捞了，渔民还打什么鱼呀？所以才留下这个规矩。

鱼过千层网，网网都有鱼。

江里的鱼不能打尽了。打尽了人们穿啥？吃啥？

穿鱼皮衣鞋，也有自己的故事。传说从前乌苏里江边有个大财主雇了一个伙计给他干活。头一天就发给他一双鱼皮靴子说："我这个人很厚道，到我家干活工钱比别人家多，不过有一个条件。"小伙子问："什么条件？"财主说："两个月内穿破这双靴子，就付给你工钱，穿不坏靴子，就算白干。"小伙子想，这双鱼皮靴子让我这双大脚穿上，还能穿不坏？就爽快地答应了。小伙子就天天上山打猎、砍柴、穿林子、过草棵，这双鱼皮靴子结实得像双铁鞋，一点也没坏。小伙子心里着急上火，这不明摆着要白干吗？正在小伙子犯愁的时候，财主的女儿露沙向他透露了靴子的秘密。原来，鱼皮靴子不怕硬，不怕磨，就怕踩上牛马热粪。第二天，小伙子上山干活，特意往热牛粪上踩，晚上回来，靴底上果真露出两个大窟窿。财主见一计不成，又生一计。他笑嘻嘻地说："小伙子，这回再定个条件吧，你再帮我干两个月活。到最后一天，咱们比赛跑步，你要追上我，就把这四个月工钱都给你，如果你追不上我，这四个月活就算白干。"小伙子心想，你个老头子还能跑过我年轻人？就又痛快地答应了。一晃又干了两个月活。这天，小伙子收工回来，财主站在院子里对他说："小伙子，明天咱俩就赛跑，看谁跑得快。"晚上吃饭时，财主女儿露沙又偷偷告诉小伙子："明天，我爸让你在五双一样的鱼皮靴子中挑一双，你就选中间那双！"第二天，小伙子就选中间那双靴子穿上，就与财主赛跑。跑不多远，小伙子就把财主甩在后边。原来中间那双是露沙垫的靰鞡草，越踩越柔软，越跑越有劲。

另四双垫的是猪鬃草，一跑就出汗挤脚。财主没办法，只好给开付四个月工钱。露沙与小伙子当晚就跑了，气得财主大病一场。

鱼皮鞋的神奇故事在东北流传很广。

鱼皮的熟制主要是搓和撸。

这是皮匠所为，也是从前生活在松花江、黑龙江和乌苏里江一带的人们的主要生存方式。其实皮匠的技术就是人类的一种生存方式，是人类最为古老和最为生动的一种生存方式。

二十、海龙皮

海龙，满语，是水獭。我以为是一种鸟。后来富育光老师查出满语是水獭。

这种动物的皮张十分的珍贵。在明清朝廷进送的贡品中，海龙的皮张是一定要够数的。

捕捉海龙的猎人要长久地在江边守候，等待水獭吃完鱼后到水上换气时，以网和套将它们捕捉。

冬季，海龙到冰层的二层隔中去挖鱼吃。捕海龙的猎手常常要钻进冰层的空间里，长时间地奔走、追赶，才能偶尔获得。

并且，海龙有敏感的嗅觉。它闻到一点气味或烟味，就溜掉。为此，猎人常常利用它的这一特点，在冰层的一侧放上烟口袋，让烟味散出去。然后猎人在冰层的另一侧追捕。

海龙皮质细软轻飘，毛细而美观，是最为珍贵的皮张。

特别是海龙的脊部为贵，木色有银针者为最佳。通常则略染紫色，不过有深浅之分。如用海龙的后腿、前腿、干尖、爪仁、耳线一带由匠人缀成褂，是非常珍贵的服饰。

而且，海龙皮质最适合做小袄，穿戴高贵洒脱，气派大气雅致。

第六章 皮匠口述

人类口述历史是一种珍贵的非物质文化遗产，它的许多重要的规律和技术的价值我们今天还没有很好地总结或体会出来，但是最重要的一点是记录保持口述文化的原生态风貌。这种保持，也许就是一种价值。

为了留住中国最后一个皮匠的生活，我把他们家三口人和五峰的两个乡亲的口述很好地保留下来。还有一个白皮匠老人的口述，因为白皮匠也是我在采访张师傅的时候专门去采访的。

一、施贵卿口述（五峰村老队长）

我今年八十八岁了。说起张皮匠，像个故事似的。

从打张皮匠来到俺们五峰，这屯子一下子就变了，变成一个“热闹屯”了。

那时候，张世杰六十多岁，我不到四十岁。我正当书记，听说来了“皮匠”，心里也一阵打鼓。差哪叮，咋不在城里，偏到山里。

后来又听说，他不会开发票，所以才扔了买卖。可就不几天，也就是个一年半载的光景，他又“起”事了。

那年，各地都兴修水利，我被派到两江的公社去学习。两个多月后我回来往回走，半道上碰两个人，背着牛皮向我打听，五峰在哪。

“跟我走吧。”我说，“上谁家串门?”

农村各家各户都熟悉，也愿意打听。

“打着灯笼都难找的手哇，他跑你们那去了!”

“谁呀?”

“张皮匠啊。”

五峰村老队长施贵卿

“你们这是……”

“让他帮着熟两张皮子。”

“什么？熟皮子？他是皮匠不假，可从城里搬到乡下，工具工具没有，人手人手没有。你们说的是五峰的张世杰吗？”

那两人一听，乐了。说：“老哥哥呀，你八成是离村时间不短了吧？”

“才两个多月。”

“这不就得了。人家我们邻村的王老五上个月背了两张牛皮来你们五峰，就是张皮匠给熟的。那活，地道。人也好，所以我们找上门来……”

我一听这才大吃一惊，原来这皮匠没闲着。

回来我一“扫听”（打听）才知道，原来这年秋天，各家不知怎么都说张世杰是会皮活，就不知不觉地找上门来了。农村，庄稼院，山林子林区，谁家没个皮活，做个帽子，做个鞋，编一副车马套，都得找这种人。不会这个手艺，你是干着急。于是从此每天不论早晚，你看吧，俺们五峰的大道上，南来北往的，仨一伙俩一串的，都是背着皮子来找老张家的。

当年，老张家住的是靠道边。木头柈子堆的院墙，一人多高。可是，送皮子的人也不进院，就站在大道上说：“爷们，没别的。背两张皮子来熟熟……”说完，不管你答不答应，皮子“咕咚”一声就从院墙上边扔进了院里，院子里顿时飞起一片尘土。

有时都不知对方是谁，人家反正扔下皮子就走。

张世杰这人，心软，一脸抹不开的肉。我也说过他，人家让你熟你就熟？该他的呀？可他却说，唉，都是山里山外的住着，都是乡亲。人家为啥求你，咋不求别人？还不是因为你会这门手艺吗？我还能把乡亲撵出去？

后来一想，他张皮匠说得也对。搁谁谁也不能撵人家呀。可是答应了人家，这张皮匠可就犯了难了。为啥？没有工具呀。皮匠这玩意，没有工具，干脆干不下来，首先就是沤皮子的缸没有。没招了，他干脆把自个儿家的水缸腾出来，开始沤皮子啦。

这一下子，这村子可就热闹开了。村子成了“皮市”了。每天你看吧，南来北往的，大人小孩，背着书包的，拄棍的老太太，大伙都是大包小包地背着抱着一张张一团团的皮子，都来到张皮匠那“换”成品。

成品，就是熟好的皮子，做好的靰鞡、趟趟马、趟趟牛（一种高腰的牛皮靴）；皮荷包、皮兜子、皮袄、皮坎肩，还有，就是各家牛马车、爬犁上的马具、套具，张皮匠家简直就成了“皮匠工厂”。

南来北往的，不但送皮子，还在他家吃睡。

特别是那些道远的，来往一趟不易，干脆就不走了。于是，他家的三间房就成了大车店。每天二十四小时一家子人做鞋的做鞋，做饭的做饭，点烟的点烟，烧水的烧水，熟皮子的熟皮子。招待着南来北往的乡亲。这个人家热热闹闹，干得热火朝天，简直就像演一场大戏。

我一看，有了一个主意。

反正生产队也需要马套马具，干脆让他上生产队去办，弄个皮作坊吧。我给他开工分，这不挺好吗？

我于是就让人腾出生产队院里的更房子，加上仓库、马圈、豆腐坊的老卧子。整个院都归他，放开量去干吧。这一下子，五峰算闹腾开了。

我们村东山下有一条河，春夏秋冬，张皮匠在河里泡皮子。村队队院和村口树上都挂着皮条子、晒马具。五峰那时节有十五辆大车，让他扎咕得威风极了。一年，五峰和北屯一个村人闹别扭，两村的人想打仗。一看远处五峰大车举着的红缨的大鞭子上来了，就喊："快撤！张皮匠的鞭子呀！"

那年头，五峰也"光棍"（威武的意思）过。后来，张皮匠老了。后来他死了。我想他呀……

他死后，这五峰一带再也没那么热闹过。他一死，把人气也带走了。所以那天，他儿子张恕贵来了，让我看照片的人是谁。是谁？这不是你爹吗？我这么一看，眼泪就止不住哇。

老伴也说，就是他，给咱做的那双靰鞡，去年才穿坏。唉，光阴不饶人哪。看看照片，和老皮匠唠唠嗑吧。他要活着，今年整一百岁。俺想他呀。

二、张恕贵口述（长白山皮艺第三代传人）

啥也别说了，站在俺家这院门口，就想起爹。

那年头在五峰，沟里沟外，就俺家一个皮铺，乡亲们都指着你呀。生产队是供给制，车马一天给一家拉活。一天下来，谁家套坏了，上我家来。

队长也说，老张家就是生产队。

这可好，村里一会儿这家取块“皮子”，那家要个“耳子”，这家挑副搭悠，那家来个秋盖。说是一律记账，记什么账？父亲他也不会写字，光凭脑袋记。谁能记一年的事呀！于是一到年节，这家给一筐茄子，那家给二十鸡蛋，就算是平了人情。

可是，我爹这个人，一辈子对我妈和我们说：一寸光阴一寸金，寸金难买寸光阴；寸金丢了能找回，光阴去了无处寻。做事做人，要拿人心比自心。想想，要是人家会这手艺，有活找咱们，不是一回事吗。到多时都记着，手艺是咱的，但要给大伙用。别丢了张家的脸。你爷爷那时候，一辈子正直，要不能让人所害吗？因此我这辈子，其实就是记住了爹的“劲”。什么劲？那种对皮子技术的钻研劲和对这活的“瘾”。他干皮活，上瘾。

记得有一年，上冻了，来两个哥俩。

他们背了两张牛皮。对我爹说：“张皮匠，没别的，我们哥四个靠爹和叔叔两人上山拉套、拖木，三天后就进林场。能不能快点给出四双靰鞡？”

我当时就火了。这不是要人命吗？

再说，你今天背的是皮子，三天后就出靰鞡，种地还得先打籽呢，变戏法也没这种变法，皮子还没熟哇。

爹也看出了我的心思。他说：“三，别说了。谁还没个为难遭灾

皮匠传人张恕贵

的时候。咱先把三源浦齐凤山送来的那两张皮子给他用上。等熟好再还齐凤山。他不等用。这边等着穿。”我爹就是这样的人。

于是我爹回身对那哥俩说：“你们能不能等。时候得长点?”

“等几天?”

“明天。”

“明天?”

“对。明天早上带走……”

“大叔哇……”

这哥俩，当时“扑通”就给我爹跪下了。

爹二话没说，让娘点上马灯，支起架子就割皮子，开缝。爹说：

“你们上山不易，拿八双吧！山上活，费鞋。”

一宿缝八双，这在当年是个奇迹。

缝靰鞡这种活，没技术的人干不了；没体力的人也操不下来。为了这八双靰鞡，一家人，挑灯夜战，给这陌生的兄弟俩缝靰鞡。

就见父亲，他甩开铲刀割皮子。

割皮子，有靰鞡样子。把牛皮铺上，把样板子按上，“唰唰”开割。一只靰鞡有数的，一斤一两重。一张牛皮，有头刀、尾巴棍子刀、偏沿子刀之分。然后挨着是二刀，三刀。四刀到了牛腚门了。在牛胯往前，是最好的靰鞡，最匀乎。

割下皮子，开片。

片，专门用镰刀。这种刀铁把，头前片出一寸宽时，先用水把沿阴上。然后开缝。

父亲那一宿缝靰鞡，为了赶活，我只好给他喂饭。他连吃一口饭的空都不给自己，因为人家哥俩头七点要赶去三源浦的大客呀。

父亲缝靰鞡就像耍马戏。只见他迅速拿了八大褶，把靰鞡圆顶刮好。当腰打一个褶，两边起八个褶。这种靰鞡一共十七个褶。

这一只缝完了，拿个楦楦上。

靰鞡楦，我家好几百副楦子。

桦木做的。桦木硬，不起刺子，光滑。都是父亲上山拉桦木，回来砍的。用什么样楦，其实当皮子裁出时，已分出大小了。

大号用大楦，小号用小楦。

父亲缝，一家子人给他打杂。

这个递水，那个递针；这个递皮子，那个递绳子……

火炕烧得热热的。做好的靰鞡一双双地摆在上面。上面还放上被。是为了尽快把鞋给烘干，不然人家穿上冻脚。靰鞡这玩意头一天做出冻脚，那是没干透，以后越穿越冻脚。要焐个一宿一天才行。可是时候不够了。爹就叫娘："快！灶炕里的柴禾要跟上！"

于是娘和姑姑们前屋后屋地抱柴禾烧炕。

这时，做好的靰鞡不给"上钉"。

上钉，就是要在靰鞡后跟上钉上三个钉脚，以便走路"抓土"。

可是按照老俗，皮铺不给"上钉"。如果你给"上钉"，就等于你把买卖做绝了。对自己的"前途"也不好。包括靰鞡的"提根"。

提根，又叫"耳子"。

一双靰鞡，你做好后，都是对门的另一个皮铺才能专门给上钉、上耳子。要另付钱。

可是，现在父亲已顾不上这些"说道"了。我妈也急眼了，说："老头子，你不要命了？你不要命，儿女们还要呢！"

可是，爹一声不吭。他说一不二呀。只是吩咐家人："快！上钉子。少废话！"

"快！上耳子！抓紧做！"

……

天，渐渐地亮了。

在西屋等着的兄弟俩，眼泪一双一对地往下掉。

这边，我娘也含着泪给人家客人捞水饭，炒鸡蛋。

这天，太阳刚刚冒红，爹一宿没合眼，终于缝出了八双靰鞡。他用脚布包上，递给了那兄弟俩。

这哥俩，“扑通”给爹跪下了。

他们说：“大叔，收下我们做你老的义子吧!”

我爹哈哈大笑说：“哎！哎。好！好。”

后来，那兄弟俩走了，赶回东山里了。

我爹眼睛累得瞎了半个多月，才睁开。

从那以后，我就发下一个决心，爹的手艺不能失传。爹的人品，咱得记下。

现在，我经常回老屯，回五峰。干啥?

就是去看看老房卧子，会会乡亲们。也是去找回和爹一块儿干皮匠活的那些个岁月呀。我每一回回去，都在屯子的老房前站上一阵子。我想从前的岁月。其实是下决心干好今后的事，把爷爷、父亲的手艺往下传。

三、张顺海口述（长白山皮艺第四代传人）

我跟着父亲干皮匠是因为佩服他，又有点“可怜”他。我不跟他谁跟他？谁让我是他生养的了？一开始，我也是有点顾虑，年轻轻的，咋就干起了这一行呢？有一首歌谣唱道：

世上什么都好，

就是皮匠遭罪。

走些个千山万岭，

好像充军发配。

污缸中连捞带拧，

臭水里连洗带退。

眼睛让碱烧稀烂，

双手让硝拿得皮脆。

好饭端起来不是好饭，

好水喝起来总也不对味儿。

下辈子如果再托生，

说啥也不干这手艺。

可是，别人说给我这套嗑时，我也曾经动摇过。有一回，我上朋友家去办事。大伙在一块儿喝酒，互相介绍都干什么。轮到我，我撒谎了。我说，我给一个朋友家干点活。没敢说和父亲俩开这个皮作坊的事。

而且，我打算和父亲说说我想的事。

那天我回来，爸爸不在家。妈说，你爸上万宝拉皮子去了。活有了主啦，人家先要三百张鼓面，让你爸试试……

听妈一说才知道。原来父亲在延吉办事，在火车站上等车，听两个朝鲜族人唠嗑，大意是没买着火车票去不了长春。从长春订的去韩国的飞机赶不上了。而且在国外订的那一批鼓面要是运不回来，州里的庆典需要一批乐器的事就耽误了。两个人急得直跺脚。其中一个人直抹眼泪。于是父亲就上前搭话，问他们要订做的是不是鼓皮。对方说是。你问这事干啥？父亲说，上韩国订干啥，咱们这就

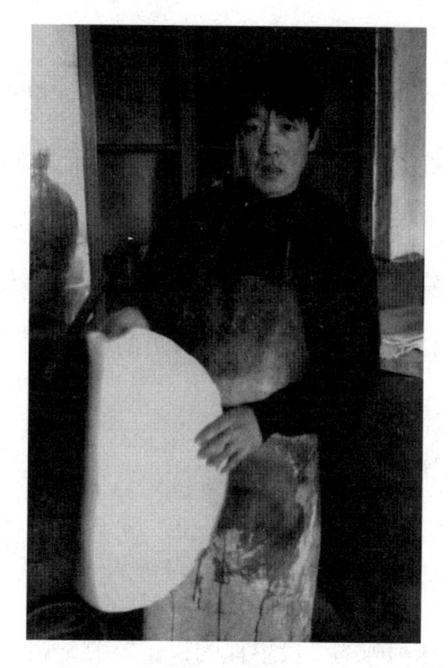

皮匠张顺海

有。那俩人说，在哪呢？快领我看看。父亲说，我就会……

于是父亲就把自己家几辈子都是皮匠，并且父亲是做鼓的能手的事说了一遍。又加了一句："用不用我给你做做试试?"

"用呀!"那两人大吃一惊，"就是要试试!"

于是，两人火车也不等了，拉着父亲到火车站对过儿的一家朝鲜族饭馆喝了一顿酒。当一听到我爷爷我太爷爷那段传奇般的故事和遭遇时，他们立刻同意让我父亲先做两面鼓皮子试试。

几天之后，父亲拿着几面熟好、切完、阴干好、压好的鼓皮子去见这两个人，他们连连叫好，于是又给父亲引见到延边民族乐器研究所见到了赵所长，这才让他试做三百张。父亲乐得像个三岁孩子似的，套上爬犁就去了万宝拉皮子去了。

妈讲父亲的情绪，她也是一股子高兴劲，家里手艺终于又可以接续上了。在这种气氛里，我到嘴的话也就咽了回去。

那天，外边下着大雪。

妈不断地出院子看，她站在门口往西南天边遥望。茫茫的大雪转眼间就把山峦和树林子都挡上了。风越刮越紧。

天快黑时，还没有父亲的消息。

妈急了，就让我联系一下。

我赶紧拨通了父亲的小灵通，说一家人急坏了，你怎么还不回来?

谁知父亲却乐呵呵的，没事似的说："海顺哪！别急。爸可听说红旗村那边最近有一批好皮子，我又和他们联系上了。再加一百张牛皮！可能晚一点到家。你们先吃吧，别等我!"

放下电话，天越来越黑了。风雪更大了。

晚上八点多钟，还不见父亲和爬犁的影。

我再也睡不着。对妈说："我去后岗上去迎迎!"

妈说："俺也去!"

我不让她去。她非要去。于是，我和妈俩就出了屋子。

一开门，一股风雪猛地刮来，差点把我们掀倒。暴风雪来了……

惦记着父亲的爬犁，我们打着手电，迎着风雪往后岗上爬去。

走到岗上，四外没有人影。打父亲的电话，只是"嗡嗡"响，无法接通。我和妈都急了，大声喊着父亲的名字。

许久许久，我们看到了。这副样子，我一辈子都忘不掉啊！

只见父亲，我的父亲，正把一条套索套在自己肩上，和那牛一齐拉着爬犁，已完全成了一座“移动”的雪山……

爬犁上堆着满满的高高的皮垛子，已让大雪完全覆盖了。为什么我们喊他听不着，原来那是一个岗坡，上面风大雪猛，加上他像牛一样手趴着雪地拉套，所以什么也没听到。

记得当时，我再也忍不住心里的感动，大叫一声：“爸——！”

我扑上去，扑在父亲怀里。

爸伸出冻得梆硬的手，把我搂在怀里，用手摸着我的头发，却像没事似的说：“海顺！好了，这回咱们可好了。有人接咱们的活了。咱家的手艺也有我和你传下去了。更主要的，咱们要为国家争光，为民族争光。不能老用外汇买人家的东西。中国没人哪？啊？你说呢？儿子？”

我当时背过脸去，不让父亲看见我流泪了。

我点着头。大声地说：“嗯！对对！”

于是我和父亲，母亲，我们一起，把这一爬犁牛皮拖回了作坊。

第一批鼓皮交上去，完全合格了。最近，曹老师来，让给我家报非物质文化遗产了。我现在铁心和父亲坚守在俺家这个皮艺阵地上了。无论谁，朋友还是同志问我，我都大大方方地、高高兴兴地告诉他，我和父亲开的是“老白山张氏皮铺”，而且，欢迎你们到家里做客。

我打心眼里佩服父亲。一是他的为人，二是他的技术。

他的为人不用说，左邻右舍，南北二屯，只要谁家有皮活，他说接就接，一干就好。街坊邻居都说，老安图张皮匠又来了。

父亲的皮艺技术相当全面。他不但会做鼓，做皮套马具，而且会全部的熟皮子沤皮子活，而且做靰鞡、皮袄、皮裤，甚至皮荷包、皮玩意什么的，他也到处去学，去打听。

父亲是长白山里唯一的一个皮匠手艺的老把头。而我呢，当然就要做父亲真正的传人，把我家的技艺传下去。

人哪，一旦明白了一个道理，他就会坚定地走下去，不回头。以后呢，我们还想向世界申报文化遗产，听说韩国、朝鲜也没有一家像我家这么有历史、有故事的皮匠手艺作坊呢。

四、曾宪明口述（五峰村现任村长）

在俺们五峰村这一带，年年闹秧歌和灯会。往往是过大年和正月十五，这里家家都开始准备了。

村里闹秧歌，各种人物都展现出来了。有个叫赵老五的，是个秧歌头（领着打场子的），生产队年年给他买药，润桑子。他唱起秧歌，队伍才扭起来。家家扎灯笼，有鱼灯、龙灯、孔明灯、六角灯、八角灯；圆的、长的、方的、红的、绿的、黄的、花的。一到大年和八月十五，五峰村热闹极了。

秧歌队由我组织。男的扮“拉花”，扮成女装。

一个拉花，配一个丑。丑要会跳会逗。拉花穿旗袍，头戴花冠。

曾宪明

丑穿奇特的服饰，要会耍，会逗。

村子里出名的人物有丑赵东华。他光串花、挂斗走龙摆尾的秧歌阵，就有十多阵。而且，他摆的阵，到谁家扭，让谁抽烟谁就抽上烟，让谁喝水就能喝上水。不然他不给你“排上”步子，等你扭到摆烟茶糖果的桌子前机会就过去了。

秧歌队除了看扭外，就是听鼓了。

在我们五峰秧歌队，大小鼓加在一起一百多面，年年放在生产队的仓库里。

我们村，秧歌起得早。五峰是个有一百多年历史的长白山里的老村子。从前张皮匠他们家没搬来时，一到年节也没人修这个鼓。

其实在乡下和山里，皮匠这一行是个大行，各方面都需要这个手艺。可是有一些皮匠，做车马套具行，做鼓修鼓就不会。

可人家张皮匠就不一样了。

张皮匠在年节和正月十五扮秧歌时，他先问我："队长，走，上仓库。"

我就知道，他是惦记着咱的鼓啦。

到了地方，他也不像别的皮匠，要一一检查，翻过来翻过去。他只是让我："来，敲一下子。"

我就用鼓棒一敲。他只要一听声，往往就说："这个放一边。"

这时，跟来干活的小打不用问，张皮匠说了，准得修。有的鼓，听起来"咚咚"响，可是鼓帮子早已坏了，得修帮。有的鼓，听起来"扑扑"响，这是好鼓，不用修。但是得搬出来到生产队的大炕上去炕一炕。

单鼓，小鼓，一般在秧歌和灯节前要炕一炕。炕鼓讲究翻鼓和时辰。这些活计和规矩完全由张皮匠去指派。

而且，鼓架子、高跷、跳板、绑绳、拉杆的、旱船、小驴、跑车、大头人、傻柱子、猴脸、什么"玩意"都找张世杰他们爷俩。他们一出手，保准鼓亮秧歌欢。

秧歌到谁家，先唱"喜歌"。

接着，打头一通鼓。然后是二一通鼓。

这鼓一敲，脆亮。

一通鼓十分钟。大伙心里有数，这是人家张氏皮匠的功。

到正月十五，秧歌扭出村外，送灯。

送灯，是五峰村古老的习俗。俗话说，年节了，人过，鬼鬼神神也要过。人一是迎它们，二是送它们。这迎和送，都是用“灯”和秧歌。

送灯，要“走”。不走不行。

正月十五，长白山里的五峰大雪纷飞。地上的大雪一米多深。远处响着鞭炮，百姓排队去送灯。不送不行，为了村里太平，天下太平。

灯，由村里选出的灯官端着。那是一盆用糠和油拌在一起的米粒一样的“灯”。灯官一手端盆，一手拿勺，一勺一勺地舀出来，往地上一放，就点着了。

这叫“放灯”。

这叫手里拿着灯，地上踩着灯。

一放放到村外。再由村里往村外走。

灯官边放边喊着：

祖先哪，

山神哪，

土地呀，

城隍呀，

过节了，过年了，

今天是灯节，

给你送送亮。

天上地上亮堂堂，

山上老林亮堂堂，

村庄人家平平安安，

多保佑我们平平安安吧！

……

灯，一直送出屯子。越远越好。

别人不出屯子，只是扮好相，穿好彩衣，等着灯官回来。

灯官的身影一点点小了，远了。

灯，像“线”一样，从村子，伸向远方，一点点地消失在正月十五茫茫的大风雪中。

而这时，村里的雪路上，也是灯。

大道上，三五米就放一盏。天上，地上，远方，灯儿连成一片。

这时，本村的秧歌队开始扭了。他们先去别村扭，别村的秧歌队来五峰扭。这叫互送“秧歌”。也是一种村俗。

正月十五送秧歌，牛车到村不进村。在村口上等着，秧歌队的人要下来，扭进村。牛车在外停着。到别村送秧歌，也是牛车在村外等着，秧歌队扭出村子才能坐车。这是一种风俗，也是一种情义。

老皮匠张世杰后来老了，做鼓修鼓的活就由他的儿子张恕贵来完成。他们一边做鼓一边修鼓，和大伙一块儿去送灯，扭秧歌。

不管雪多大，都要扭秧歌送灯。

村里人都去，一个人也不许落下。要送灯啊，不管多累多冷。灯车拉着“灯米”，灯车跟着灯官。三五米一车，三五米一车。屯子长，灯也多。屯多长，灯多长。晚上一看，天下太平。

作者考察皮匠村落

可是有那么几年，因为老皮匠死了，张恕贵又搬到安图去了，于是村里鼓坏了，没人修。秧歌起不了。俺们想皮匠啊。

五、李淑珍口述（张氏皮铺第三代传人张恕贵的妻子）

“皮匠”这一行，和“铁匠”一样，都是大行业。人活着，谁家不出个车，挂个马，走走道。走道都是皮子。什么？鞋呗。

我自从到了他们张家，这理也就懂了。

那年，我们住在五峰，和老爷子在一块儿（指张恕贵的父亲张世杰），他皮匠的手艺，也真叫人风光啊。

记得从前人们说，谁家的闺女手巧，没结婚前就得自个儿缝缝剪剪，打上包袱去嫁人。这是指闺女没出门，可手艺要传出去。不然上不了轿。俺老公公就好比一个巧手的“媳妇”一样。那年月，在五峰流传着这样一套嗑：

你也说，我也说，

张皮匠的手艺够一说；

结婚没有他“拉花”，

说啥也不上喜车。

这是一首歌谣。其实也是一个真实的故事。

有一年，闺女们闹着要上村南头老郭家去喝喜酒，原来是他家有一个女儿，秋天二十六的日子准备办喜事。可是忙乎来忙乎去，一切都准备齐了，却突然想起来，送她的马车还没挂拉花。

挂拉花，又叫“扎咕”喜车。平时五峰村送姑娘、接媳妇都是我公公出手去打扮喜车。大伙心里也有数，别村也羡慕。如今没他的手艺这怎么行呢？

也是偏巧，我公公那些日子正在山里黑林子山场伐木，给人做饭。

闺女哭闹着，非要改日子。

她爹可毛了。这日子咋能改呢？人家男方人也请了，猪也杀了，信也送了。可是闺女发誓，没有我公公给扎咕（打扮）喜车，就是不去，宁可这辈子烂在家。

这一下，爹没主意了。老头于是连夜骑上马就进了山，到一百多里外的山窝棚把我公公接回来。当夜，公公立刻动手，给这姑娘的喜车扎咕得别提多漂亮了，就连马套的每一个扣上都系上花，而且，马脸两侧还打上一片一片的“云卷”。这下子把闺女乐得一下子跳上了喜车……

公公的皮活，那真是叫响啊。

他只要一出手，便是一个“杰作”，真不愧叫“世杰”。我看，公公的皮匠手艺那是世界杰出！

你就说他用皮条打的各种扣吧，什么“左老婆扣”“勒死狗扣”“步步紧扣”“搭悠扣”样样叫绝。

他熏的皮子也绝，什么虎皮脸、芝麻皮儿、黑狐狸串、老虎抖拉毛……真是应有尽有。

这一辈子，我和丈夫、儿子，我们就开这张氏皮铺了。把这手艺弄下去，上对得起先祖，下对得起儿女，心里也是个乐呀。我也成了名副其实的皮匠啦。

六、白庆平口述（东北范家屯著名老皮匠）

我是民国17年（1928）生人，今年八十啦。

我老家在河北昌黎。那时，日本人成天扫荡，日子过不下去，人饿死一片一片的。爹就说：“你们想法逃吧。往北，往东北，那里能吃饱饭……”

小时想，人能吃顿饱饭也就知足了。

于是就在我十四岁那年（1942），我跟着哥哥嫂子我们一块儿闯关东来到了东北范家屯。哥哥落脚在一家叫“济发祥”的杂货铺给人家站台子。

那时的范家屯是个“三不管”地区。这里东靠长春，西靠四平，南靠伊通，北靠双阳，交通发达，人来车往的，到处是铁匠炉、皮铺、马市、大车店。特别是那马市。

范家屯马市大，据说能和山西五台山的马市相比。

一到冬初月开市，全国各地，东北就更不用说了，那买马卖马的人云集这里，家家都开店招待南来北往的客商，拴马的绳子都系到各家窗户框子上去了……

我一点点大了，总也不能老在哥哥家光吃饭哪，得自立了。可是，干点啥呢？

哥哥说：“兄弟，学点手艺吧。你怕苦不？”

我说：“苦是人吃的。不怕。”

哥说：“那就学皮匠吧。”

哥哥的杂货铺斜对个有家皮铺，掌柜的姓徐，平常一来二去的挺熟。这天，哥哥就领我到了这家皮铺。

“掌柜的，给你领来个人。”

“谁呀？”

“我弟弟。收下吧……”

徐掌柜的看了看我的个头，又有熟人领着，就说：“按老规矩办，上下屋吧。”

这“上下屋”就是收下了。

原来，这时的徐家皮铺，一共有二十多个伙计吃劳金，一律熟皮子、割皮子、做鞋、做车马套具。下屋，是皮铺后院的大筒子房。

东北范家屯著名老皮匠白庆平

一铺火炕，睡着二十来个伙计，东家管吃管住，三年出徒。上下屋，就是收下的意思。

哥说：“兄弟，熬吧。等有了出头之日，咱也开一个皮铺，白家也就光宗耀祖啦。”说完就走了。

当皮匠的人，一下手就先熟皮子。

每天天还黑得伸手不见五指，伙计们就得都爬起来。先是去周边各回族家、清真屠宰场、村屯收皮子。

冬天，大雪炮天，手脚冻得猫咬似的。但死也得抱着皮子，不能撒手。皮子冬天冻成一坨子一坨子的。有几个伙计就为抱皮子手指头冻掉了，冻烂了。

皮铺在范家屯有二十多家，家家比着干。

沤皮子这活，累呀。人这手一年不离“水”。这水，都是泡皮子的臭水。作坊里一排的沤皮缸。新来乍到的小伙计要从头排缸开始“捞”，捞到最后一口，这时人累完了。想直直腰，不敢弯。腰骨架子累直啦。

捞皮子这种活，腰不挺着干不了。

一开始那股臭味儿，吃饭直想呕吐……

在皮铺干活，只能干活，不能提钱。你想打听一双鞋挣多少钱，三年下来挣多少，掌柜的派出的皮把头就会一个脖拐（一个嘴巴）打你到墙角去。

二年下来，我只站缸前捞皮子，别的技术活你是一点也看不着，学不着。我一看这不行，就找师傅我们掌柜的去了。我说：“师傅，我都来二年了，你该让我学学手艺啦！”师傅说：“呀！可不是咋地。咱家买卖大，我总出门，把你这事给忘了！好哇，看在你这么守铺上，你就跟我熏皮子，做靰鞡吧。”

我一听这话，心里乐坏了。

东北天冷，穷人多，靰鞡是最快手的货。能学上这手艺，就能挣上钱哪。从此我就干上了。

东北人都愿意穿靰鞡。一是这玩意是家做的“鞋”——就是自己做。二是看着皮匠做，也亲切。再就是赶大车，走爬犁，人一坐上去，半天不下车。下车跟不上马。所以只有穿靰鞡适合咱东北人的性格和生活。一穿上就不冻脚。

还有，东北农民喜欢穿靰鞡踩格子。

格子，就是种地点种子的距离，分“格”。靰鞡踩上去，着土的面大，水分易缓上来，种子爱出苗。

东北人种谷子，一犁一溜沟，后边跟人撒谷籽。脚跟脚要踩，穿靰鞡去踩，一走一趟线。这样谷子苗就长得齐。

另外，穿上靰鞡上山割笤条，抗踩，不扎脚。

东北人离不开柳条笤条，编筐卧篓，谁家不得用？可是上山干这活，不穿靰鞡是不行的。山上尽是根茬子的茬口，费鞋费脚。只要靰鞡好，不怕这些。

再有，穿上靰鞡上山打猎，不怕冻，能蹚雪。

多大的雪壳子，靰鞡一下去一片，稳住了，手脚不伤，人就能在东北活下来。

所以有人说：

在东北，一样好，
穿上靰鞡满山跑。
不冻手，不冻脚，
獐狍野鹿满山找。
打完野兽往家跑，
一顿老酒喝个饱。

从十多岁起，我就给徐掌柜的当皮匠，做靰鞡，做马套什么的。有一件事，我和师傅也算结下了“缘分”。

当时，我还没出徒，但师傅已经让我“干圆”。

这干圆，是行话，就是出徒的意思。干圆的人，就得站前柜台，人家点啥要会做啥。一天，皮铺门口来俩人，当时正是我站柜台。只见这两个人贼眉鼠眼的，而且进来就打听：“有靰鞡吗？”

我说：“没有。得现做。”

对方说：“给个数。”

我说：“老价不变，一斗红高粱一双。”当时一斗红高粱折合东北币二十万。那人一听，其中的一个人说：“一个‘踢土子’，这个贵！”

另一个人立刻对那人使个眼色，说：“回去议议。先来二百双。你们准备好。”然后二人匆匆地走了。

他们一走，我就进了掌柜的上房。

我说：“师傅，不对劲呀！”

他说：“咋地？”

我就把今天来了两个人，说话吞吞吐吐的事说了一遍。又加了一句：“我看这两个人像个耍浑钱的。”

耍浑钱，就是不是正路的土匪。正路的土匪，一般来说不抢靰鞡店和鞋铺。他们也用啊；一般的土匪，不抢搬船的，他们也过河呀；一般的土匪不抢唱戏的，他们也看啊。可这两个人，说话不地道。

我说：“而且，他们露出了一句‘黑话’。”

“怎么说？”

“管靰鞡叫踢土子。正是匪话!”

这些年，我在范家屯当皮匠，南来北往的大车多，一些老板子学的土匪黑话、行话，我听了不少，所以记下了。

师傅一听，沉思了一会儿，说：“有道理。现在兵荒马乱的年月，咱们不能不防啊。可眼下，咱们这批靰鞡怎么办呢?”

我说：“师傅有办法。头个宽城子义和大车店的胡掌柜来，说他们那有一批矿工想订一批鞋，我当时没有答应。因为眼看来到年了，说不定咱们这一批能卖出个大价。现在我看，不如快点出手反而安全。”

“好，就这么办!”师傅定了。

可是，师傅家里人和皮铺的一些人死活不同意。他们都说我是乳臭未干的“小吃劳金”的，什么主意不要信他。可师傅定下的事，谁也改不了。他当夜就嘱咐我和他一起套上爬犁，拉上靰鞡直奔了宽城子。

事情果然让我猜着了。原来，那两个家伙正是国民党收降的一些土匪。他们在范家屯黑林子这一三不管地带活动，眼看冬天了，没有马，没有鞋，没有棉裤，就定好了计划要抢范家屯所有马市的马和皮铺的靰鞡。那两人正是来探底“踩盘”（事先探探）的才说走了嘴，没承想让我给他分析出来了。

在我和师傅还没离开宽城子时就听说在第二天头晌，胡子“再三好”果然领人攻打范家屯。

这一下，范家屯所有的皮铺算遭了殃。谁家有马、靰鞡，谁家就得交。

他们本来驻在怀德黑林子，对外是骑兵十三团，其实里边混进的都是“再三好”“滚地龙”“无照应”这些土匪队伙，攻村砸窑这是他们的拿手好戏。

听到信的人家全跑了。范家屯都空了。可是南门王皮匠王掌柜的不服，他家有枪有炮台，就和这伙“取”靰鞡的土匪交上火了。

那仗打得恶。打了一下晌。傍下黑，打进了王家皮铺。可怜王掌柜的一家七口和六个护院的人，都让人给打死了，靰鞡全装爬犁拉走了。

第三天，我和师傅返回范家屯，我和大伙一起把他们安葬了。

从那以后，谁也不敢小看我了。师傅更佩服我。他给我起名，就叫“白皮匠”。从那，范家屯徐家皮铺白皮匠智运靰鞡的事也就传开了。以后，我和另一个皮匠打伙合开了“双盛长”皮铺一直到解放。

第七章 皮匠与皮铺的习俗和故事

一、皮铺习俗

（一）皮匠祖师爷

各行各业都有自己的祖师爷，皮匠这一行的祖师爷是谁呢？

本来，皮匠行又叫裘皮行，是指沤皮、熟皮子这活又脏又累又臭。可是，这一行是中国民间历史最悠久的传统手工作坊之一。而这一行供奉的祖师据说就是三千多年前商代的宰相比干。

比干在历史上真有其人，他是商王朝最后一个帝王殷纣王的叔父。比干为人忠实耿直，心地纯正，率真无私，可称得上是我国上古时一位著名的大忠臣。就在他身为宰相之时却见商纣王整日荒淫失政，暴虐无道，日夜酗酒，心里十分着急，就常常大胆地直言劝谏纣王。

可是，凶狠的商纣王不但听不进比干的忠言相告，反而更加的荒淫无度了。这样一来，商纣王就打心眼里讨厌自己的叔父。

有一次，一位大臣没有做错事，可是妲己看不上对方，就在一旁下了谗言，纣王准备残害这位忠臣。比干在一旁实在看不下去了，就站出来指责纣王的所作所为。这一下，可激怒了纣王。纣王说："比干，你好大的胆子。"

比干说："我这是为你好。"

纣王说："少说废话。我听说圣人心有七个窍。今天，我倒要看看你的心是不是七个窍！"

说完，他命人当场将比干杀害，并挖出了他的心。

可是，说也奇怪，只见比干又从地上站了起来，拍打着身子上的灰土，大步地朝外面走了。

他来到民间，专门为百姓帮忙，广施财宝，救助他人。他虽然没了心，但因吃了姜子牙送给他的补心丹，所以并没有死去。

而正因为他没有了心，也就无偏无向，办事公道，深受四方百姓的称赞和爱戴。

再说，其实商纣王也是个好心的君王，只不过被九尾狐狸精妲己所迷惑。后来比干死后成神时，商朝也随之灭亡了。这时，妲己也现了原形。九尾狐狸精想逃走，被万般怒火的比干赶了上来。比干终于打死了九尾狐狸精，并抽了它的筋，扒了它的皮，沤在污水里，一泡就是二十天。

二十天之后，比干掏出来一看，熟出来一个皮筒子。

比干说："好哇，这皮筒子正好装东西。"他往肩上一搭，走了。

从此，世上有了熟皮子这一行，并公推比干为祖师。

过去，裘皮行学徒进门求师，都要先拜祖师爷比干，然后才能拜见师傅。

（二）皮匠扁担为何两头翘

在民间，皮匠挑着熟皮子的工具走村串屯，扁担是直的。可是后来，为什么两头翘了呢？

相传，从前有一个皮匠，他挑着熟皮的挑子四处奔走，串村走屯，专门熟皮子。

一天，他来到一个县城。

呵，这县城真热闹，人来人往的，原来是来了一伙唱戏的。他于是就放下挑子扁担，看了起来。

头一出戏，演的是《风波亭》。

当皮匠看到台上的奸臣秦桧设计谋害忠臣岳飞时，他气得胡子直往上翘。

当演到十二道金牌把岳飞诓骗回来的时候，皮匠已气得直跺脚了。

于是，皮匠急得忘了自己是干啥的，急忙喊道："岳主帅！你快溜哇。那秦桧要害你啊……"

可是，任凭他怎么喊怎么急，台上的岳飞全然不知。人家这是演戏呀，怎么能顾得上他呢。

这一下子，皮匠可是越看越来气。

没法出气，他自个顺手掏出腰刀，就将自个儿的扁担一头削尖，好似一把锋利的剑，专等着到时候好发挥它的作用。

这时，台上的剧情已发展到秦桧命刽子手将岳飞绑到风波亭上要砍头了。

这时，皮匠可气得不行了。

他再也考虑不上自己是干什么的了，他双手握着削尖的扁担，大吼一声："奶奶的，我皮匠来了！"说完可就跳上了戏台。

他上去是直奔秦桧去的。这时，演秦桧的演员也只顾演戏，没防备，这皮匠把削尖的扁担对准了他，上去就是一家伙，一下子就把"秦桧"的心脏扎穿，当场就死了。

这一下子，全场大乱。

戏班班主不让了。当下就把杀人犯皮匠给押到了县衙，升堂审犯。

皮匠跪在下边。

县官一拍惊堂木，高声喝道：

"你个大胆刁民，你为什么在光天化日之下行凶杀人？"

皮匠却满有理地回答："回大老爷的话，我是恨透了那秦桧！"

县官说："他不是秦桧，他是演戏的。"

皮匠说："这我不管。反正我是看到秦桧就戳！就连他的狗名，我也是见到就戳。不信你去看看！"

"看什么？"

"我家那本《岳飞全传》，凡是有秦桧的名字，我都给抠下去了。"

县官一愣，觉得这人奇怪。

就又问："真抠下去了？"

"真抠下去了。"

"好！"

县官说："我现在就打发人上你家去看。如果是真，咱们另当别论；如果你是欺骗本官，我可加重治罪！"

"你去看就是了。"

当下，县官派人去往皮匠家，取来了那本《岳飞全传》。县官当众打开一看，果真书里凡有秦桧名字的地方，都让他给抠下去了。一本书，让他给弄成了尽是洞眼。

这下子，县官真的有些犯难了。

治皮匠罪吧，人家好汉做事好汉当，真没撒谎，他确实是被剧情所感染，一时出于对卖国奸臣的痛恨误杀他人。如果判重了，也恐怕遭百姓议论。不判罪吧，这是人命关天的事呀。

自古道，杀人偿命，欠债还钱哪。

皮匠杀了唱戏的，这事也真是不好交代呀。

思来想去，县官想，这事还是先报告给皇上为好，让皇上来断。他愿怎么断就怎么断吧。

几天之后，一道奏折送上朝廷。

皇上一见是这么一件事，他觉得挺稀奇。是啊，一个皮匠和唱戏的无冤无仇，竟然当成真把唱戏的给杀了，可见老百姓对朝廷里的奸臣真是个恨哪！这属于爱憎分明啊。这样的人如果给判死，今后谁还敢正义了。

可是，演戏的也是戏演得太好了，以假乱真了。他被害，说明这人戏功了不得，应该给予厚葬并多多赏钱。

主意一定，他就下了一道圣旨。

圣旨是：皮匠误杀演戏的，是替天下黎民百姓出了一口痛恨奸贼秦桧的怒气，免他一死。当下，放了皮匠。

圣旨又说：演戏的戏演得太好了。要给戏子和家属和戏班子的班主一大笔钱，厚葬戏子，犒劳戏班，今后更加好好地演戏。

于是，这桩难办的案子就这么给结了。

可是皇帝一想，这事也不全妥呀，今后如果再有伤害演员的事怎么办呢？于是他在圣旨上又给补了一条：从今往后，普天下的皮匠的挑子把扁担头都向上弯，免得他再用来伤人。从此，皮匠的扁担挑子两头真的都高高地翘起来了，直到今天还是这样。

（三）皮子报信

从前，皮子是一种可以为族人“通风报信”的信号。

据民间艺术家关云德和他的儿子关长宝介绍，在九台莽卡自治乡，有个老萨满叫杨世昌。他说，尼玛查氏祖居东海窝稽地方。当时，他们住的是树屋，这是为了防止地湿和虎豹来，还有蟒蛇和黑瞎子（熊）来侵扰。

树屋很高，往往架在树上。

可是，新的问题又来了。

一有什么危险，有坏人，有强盗来攻打部落时，跳下来送信已不赶趟了。怎么办呢？

这时，族里的老人出主意说，有了，干脆挂一张白皮子。各族和部落的人，只要有人见到树上挂起一张白皮子，就要立刻前来救助和帮忙。

大伙一听，这个主意好。于是就将其写在了各部落的族规里。

后来，只要遭到人或野兽的侵害，他们便在屋外的树上挂出一张熟过的白板皮（熟过的动物皮）作为报警信号。只要见到这种信号一出现，部落里的人不论此时正在山上狩猎还是采摘，都要立刻集合前去，尽快地救助遭到危难的族人。

以后，这种“皮子报信”的习俗传承了很久很久。

（四）靰鞡的来历

从前，大山里有一个猎人，叫贲海。

一天，他上山去打猎。

爬过了许多山，蹚过了许多河也没见到一只野兽。他鞋走坏了，累得实在不行了。刚想坐下来歇歇，却遇到了一个跌倒了的老太太。贲海虽然很累，但他看老太太更可怜，就上前把老太太背起来送她回家。

老太太身胖体重，没走多远贲海就累得浑身是汗。每爬过一座山，翻过一道岭，贲海就问老太太：“你家还有多远？”

老太太总是用手往前边一指：“在前边。”

贲海一连串爬过了九座大山，翻过了九道大岭。鞋也磨飞了，脚也磨破了，最后来到一座山洼，老太太总算说是到家了。

贲海把老太太往地上一放，老太太走起道来一点毛病也没有。

赍海很生气。但是看她是一个老人，不能指责她。赍海气得一句话没说，抬腿就要往外走。

老太太却一把拉住了他。

老太太说他是个好心的年轻人，得好好地报答他。老太太说完，找出一双鞋来送给他。

赍海一看，这鞋是木头底。打猎不能穿，就谢绝了她。

老太太说："那么，我给你做一双吧。"

于是，就见老太太从外面的猪圈里抓来一只猪崽杀了，先让赍海吃了猪肉，她用这只猪的皮给赍海做鞋。

赍海脚大，这张小猪皮还不够用。老太太于是就把猪脸、猪腿、猪尾巴上的皮都用上了，才勉勉强强地把这双鞋的料凑够了。可是，这双鞋就缝得抽抽巴巴。老太太就说："这也不像鞋的样子。它是用乌拉佳塞（满语，猪皮的意思）缝的，就叫它乌拉吧。"

乌拉做好后，老太太拿来三样东西。

一堆蚕丝，一堆棉花，一团麻。

老太太说："你选一样絮在鞋里吧。"

赍海寻思了半天，一样也没拿。他说："雪白的棉花和蚕丝应该留着做衣服，麻能打绳索。这些东西垫脚实在可惜。絮鞋用把草就可以了。"

老太太点点头说："小伙子不光心胸好，还是个十分俭朴的青年人。"说着，老太太往旁边一指，说："你往那塔拉（满语，草甸子的意思）上看。"赍海朝那边一看，眼前出现了一堆堆马尾似的细草。他跑上前去割来一把，用木棰砸软乎，絮到猪皮鞋里，两脚往里一放，感觉跟棉花蚕丝一样柔软。老太太说：“应该派个巴图鲁（勇士）来保护你这样好心的猎人哪！”

这时，正好一只豺狗子走到了这里。

老太太就对豺狗子说：“你从今往后在山林中无法辨认这位好心的莫尔根（英雄，头领）时，就用这双乌拉和里边絮的草作标记。你就是林中的巴图鲁，任何凶猛的禽兽都得惧你一头，你就保护好猎人吧。”

贲海告别了老太太走了。他穿着这双猪皮乌拉，上山爬岭特别轻快。多冷的天也不冻脚，在雪地过夜也不觉得冷。他于是告诉所有的女真猎人，在山上过夜时拢一堆火，把乌拉脱下来，掏出乌拉草放在身边，安心地睡觉就行。因为这时豺狗子闻到乌拉草的味，就会在人睡的四周浇上一泡尿，不论什么野兽，一闻到豺狗子的尿味，就躲得远远的。因此，乌拉草就成了关东人的“三宝”之一了。

东北的俗话说：关东山，三宗宝，人参，貂皮，乌拉草。

把这样一种小草比喻成和人参、貂皮一样珍贵的东西，是因为它可以垫在靰鞡鞋里，保护人的脚。所以，要谈起皮匠作业的主要内容，在从前皮匠用皮子做鞋，应该是他们这一行的主要手艺。

（五）跳皮子舞

满族舞蹈中有跳皮子舞。这是从前东海窝集部人的狩猎舞。往昔，猎人在树林里行围时，升起篝火，四个人抻开一张熊皮，一人在熊皮上跳舞。根据熊皮的弹力越跳越高。有时四人用力一扯熊皮，舞者就势跃到半空中，再翻个筋斗、玩个花样，又落在皮子上。此为最佳动作。今天的钢丝蹦床，很可能是皮子舞的演变。后来跳皮子舞演变成宁古塔一带大户的新年喜庆舞。届时用柳木做成直径一尺五寸左右的大圈，上面蒙上带毛的大牛皮。这样的皮圈可做三至九个，舞者有男有女，人员可多可少，三五不等。每人跳一个皮圈，然后互相串花，高手可跳九个皮圈。每个皮圈上舞姿可各自成套，一套比一套难度大。当舞到高潮时，观众也可以上去表演一番。伴奏用大抬鼓，观众边看边拍掌助兴，唱歌。

（六）皮障面

东北古民族多以游猎为生，常年跋涉于深山老林之中。每到夏天经常遭遇蜂子、蚊虫、蛇蝎的叮咬袭击侵害。据《鸡林旧闻录》载：密林之中，“一种马蠓万千成团”，“而蚊虻之多，更如烟云”。关东山里夏季蚊虻如此之多，对于靠山吃山的满族等少数民族来说，无疑是一种威胁。甚至是伤害。聪明的猎人就用皮革发明了一种戴在脸上的“皮障面”，起到保护脸面的作用，不至于被蚊虻叮咬伤害。

二、皮铺歇后语、对联

（一）歇后语

皮皇帝的妈妈——太厚（后）

皮匠不带锥子——真（针）行

皮匠打人——软收拾

皮匠栽跟头——露了馅（楦儿）了

皮裤套皮裤——必定有缘故

皮球挨锥子——泄了气

皮球掉进稀饭里——说你是糊涂蛋，你还一肚子气

皮球掉进油缸里——又圆又滑

皮球碰到灯炮上——他一肚子火，你一肚子气。

皮绳拴老牛——里拉活扯

皮条打人——软收拾

皮影戏表演——随着人家的线跑

皮影戏开场——有人撑后台

皮影子出场——一只眼看人

皮影子戏进饭店——人旺财不旺

皮影子作揖——下毒（独）手

皮笊篱——不漏汤

皮笊篱下豆儿锅——一捞一个罄净

反穿皮袄——装羊

狗咬烂羊皮——撕扯不清

三伏天穿皮袄——焐汗

瞎子扒蒜——净扯皮

牛皮灯笼——肚子里明白

牛皮灯笼刷黑漆——照里不照外

扯着牛皮打屠夫——不嫌脏

皮铺老板——吹牛大王

皮球擦油——又圆又滑

虱子躲在皮袄里——有住的，没吃的

提牛皮灯笼进煤洞——黑对黑

兔子剥皮——倒扒

一跟头栽皮袄上——抓着毛了

南皮的络子——扭得欢

和尚别头发卡——调（挑）皮

牛皮糊灯笼——不亮

坐家女偷皮匠——逢着的就上（意思是皮匠使用边角料给人家补鞋，多大皮块料都能缝到鞋上。）

（二）对联

(1) 鞋帽店联

自者制形资麂革，于今加饰步龙墀

有冠为真色，此帽最宜人

未必安行皆白足，可能平步入青云

(2) 皮货店联

多财原善价，集腋更成裘

羊革狐袭新样，御寒莫错机缘

于橐于囊皆从革，为箱为筐亦主皮

暑去寒来这厢有暖，裘轻革细表里适宜

（3）**皮匠铺对联**

大楦头小楦头砸散四方穷鬼

粗麻绳细麻绳捆来五路财神

三、皮匠和皮铺的故事

（一）四种人的故事

清，天聪五年（1631），清太祖努尔哈赤攻打吉林地区的乌拉女真城池。许多人吓得急忙逃跑。

这时，努尔哈赤正骑在马上，看着逃难的人群在沉思。他想，一个地域的人被打败了，这些人都走散了，今后我该怎么建设这个地方呢？

突然，他萌生了一个想法。

于是，他骑马撵了上去，一下子拦住了逃亡的人群的路。

他说："乡亲们！别怕。我就是努尔哈赤。"

大伙还是害怕，还是跑。

努尔哈赤就说："别跑了。现在我下令，有四种人，先留下！"

手下的人问："大王，哪四种？"

努尔哈赤说："头一名是皮匠。"

"皮匠为啥留着？"

"因为他能熟皮子，做靰鞡呀！不然，咱们行军打仗，穿什么？"

大伙说："对对。"

努尔哈赤又说："第二名，是木匠。"

“木匠?”

“对呀。他能做器具。盖房子咱们住哇!”

努尔哈赤接着说:“这第三名不杀的是针工。”

“针工?”大伙又不懂了。

努尔哈赤说:“针工能裁裁剪剪,缝制裘服,咱们穿上不冷啊!”

大伙笑了,说:“大王,闹了半天,你说的都是一个‘人’哪!”

“怎么呢?”

“皮匠一个人不杀就行了。他是又会做鞋,又会用皮子盖房子,又会用针缝皮子。不是这么个道理吗?”

“对呀!”努尔哈赤想想也笑了,说,“那就再留下优人吧。他们能歌能唱。生活也得乐呵呀。”后来,努尔哈赤留下四种人的故事就传开了。大伙一看,他真的对人宽厚,也就都归顺了他。从此,女真得到了统一。

(二)皮影的故事

东北皮影早期大都长脸形,细眼长鼻,尖嘴,戴耳环。很有满族、锡伯族、赫哲族、鄂伦春族人的特征。又有满族民间剪纸朴素扎实、沉雄豪迈、粗犷大气、大刀阔斧的艺术风格。为什么会这样?传说是明朝万历二十一年(1593),辽阳有一位私塾先生叫黄素志。是万历七年(1579)时考中的秀才,颇具文采,而且精于绘画、雕刻。黄先生祖居河北,后家乡遭灾,闯关东落脚辽阳。他几次科考都未考中,原因是没钱送礼给主考官。看看官场黑暗,有钱人能花钱买官做,他想自己别说没钱,就是有钱也不当那个官去。于是就隐居在家，潜心研究用纸雕刻戏曲人物、刀马，决心用这种雕刻人物去揭露社会腐败现象。由于纸张易碎，就联想到用皮革雕刻人物，皮子结实，抗造，最后选定驴皮。他用刮刀刮薄如纸，然后再上颜色，突出强调了人物的眼神儿作用，以此表示忠、奸、邪、正，君子、小人。尤其是净角行当中的人，或是蚕眉虎目，或是奸眉圆眼，或是浓眉大眼，即使那些白面生旦的眼睛也是弯眉凤目。这与南方皮影人物的造型“卧鱼眼”“线线眼”迥然不同。丑角眼外的白圈，尤体现出东北皮影人物的造型特征。

画驴皮影的皮料要选小驴的皮。皮嫩，有透明度。剥下皮先放清水缸里浸泡三至五天，刮掉皮里肉脂再刮皮外的毛。晾干分割成块，进行浆皮。有两种方法，一种是用矾水泡二至三天，清水洗净阴干；另一种是用糯米汤加红小豆汤涂刷，加适量樟脑，以防虫咬。晾干后再用。雕刻之前，在驴皮上画好图样，一般是用钢针去画。也可将图样放在驴皮下面照图描，选薄皮做上身、上肢，厚一点做下肢或场片。从此，北方皮影就诞生了。

（三）貂皮袄的故事

长白山的深山老林里，住着一个老阿玛。他有三个儿子，老大乌朱和老二扎依都二十多岁了，还没娶媳妇。老三伊拉气才十四岁。爷四个住在一个马架子里。第二年爷几个盖起三间大房子，给老大娶上了媳妇。婚后不长时间，两口子就要分出去单过，老阿玛同意了。爷仨又起早贪黑地干了半年，盖起了三间大房子，给老二又娶上了媳妇。于是老阿玛累倒了，老二说老大分出去了，我也得走。

别看老三岁数小，可挺有志气，对二哥说：“随你的便吧。老天爷饿不死瞎家雀。”这回就剩下爷俩相依为命了。家里穷得叮当响。眼看到年三十了，小伊拉气拎着猎枪上山去找点野味，好给病在炕上的阿玛弄点荤腥儿。他刚一出门，就见老大、老二两人看北岭顶上有黄、白、黑三个东西，想看个究竟还不敢去。老三说：“你们不去，我去。”老三拎枪就往岭上走去，老大、老二就在后边跟着。到岭顶上一看是三个老头。老黄头穿一身黄袍，老白头穿一身白袍，只有黑老头个矮，病病歪歪地直哼哼，穿件黑皮小破袄坐在那里。老三走上近前问：“玛发你病了吗？”黑老头说：“我不行了。告诉你吧，那个黄老头是一坛金子，那个白老头是一缸银子，只要你跪在他们面前磕头叫三声爹，就能背走他们。你快背他们回家吧。”小三问：“那你怎么办哪？”老黑头说：“我已不中用了，你别管我。”小三说：“我把你背到家喝碗热汤，说不定能好呢！”老黑头说：“不行，我已到寿了。不能再活了。”小三背起老黑头就要走。老大、老二听得明白，急忙跪在黄白老头面前磕头喊爹，老大抢先抱住老黄头，立刻变成一坛金子，老二只得抱住老白头，也立刻变成了银子。一看傻老三背起黑老头要回家就说：“这大过年的，你往家背个病老头子，他若今下晚死了，明天大年初一往外抬多丧气呀！”老三说：“宁可不吉利，我也不能见死不救哇。”老三背回家对阿玛一说，老阿玛说：“你做得对。不能看金银就连人都不顾了。”小三连忙煎汤熬药侍候这病老头。谁知三十下晚接神时老黑头还真死了。临死前对小三说：“孩子你心眼儿好，我把这小袄留给你。日后有人来认这小袄，就是我的亲人，也是你的亲人。我死后把我葬在北岭上吧。”说完脱下小袄递给了小三，头一歪就死了。小三怎么背来的，又背上北岭，老大、老二谁也不帮他忙。他只好刨那冻得梆硬的岭土，总算把老黑头埋上了。过了初五，老大、老二就说：“这院子大年初一就出殡，我们得搬走，在这院没好!”阿玛明知道他们得了财富，怕沾他们光才要搬的。还要拆房子走。一下把老阿玛气死了。临终时让老三把他也埋北岭上。他要看着这哥俩会落下什么下场。老阿玛死后，那哥俩怕发送老人，赶忙溜之大吉了。老三按照阿玛遗嘱办了。

伊拉气一晃十八岁了，变成一个十分英俊的棒小伙子。这年底又要买香头纸马，好给阿玛祭奠祭奠。他穿上那件黑皮袄赶集去买烧纸，遇见一个天仙似的姑娘盯着他穿的黑皮袄，伊拉气被她看得不好意思了，赶紧买完东西就回家上坟去了。他把纸分成两半，一半点着放在阿玛坟前，他跪在坟前，向阿玛诉说起这几年来的孤独生活，说着说着就放声大哭起来。哭完又拿起另一半在黑老头坟前点着，边烧纸边叨咕说：“老玛发，我把你背到家里，也没能救活你，给你烧点纸吧。你说日后会有亲人来认这小袄，现在都好几年了，也没人来呀。”这时，就听身后有人答话说：“来了。”老三回头一看，说话的人正是在城里碰到的那位穿紫袄的姑娘，眼泪汪汪地对老三说：“你哭得太叫人伤心了。”老三被说得不好意思了，低头问了一句：“你是谁呀?”姑娘说：“我叫艾虎，坟里埋的黑老头是我阿玛。感谢你为我老人烧纸钱。”伊拉气一听她是黑老头的女儿，就把老人临终情景说了一遍，又脱下黑皮袄交给姑娘。姑娘说：“我阿玛到寿了，可他说啥也不死在家里。他临走时对我说，日后你若遇到穿这件黑皮袄的小伙子，就是收殓我尸骨的人，也是我报恩救过我命的后生，也就是我的姑爷，你的女婿。”姑娘说完脸就红了。伊拉气说：“玛发也对我说过，来认这小袄的人是他的亲人，也是我的亲人。”于是，他俩就一齐跪在两个老人的坟前磕头成了亲。三十晚上，艾虎姑娘指着黑皮袄对丈夫说：“这是一张上千年的黑貂皮，上有拨风、防雪、驱寒三毫，风离它三尺远就转风向，雪离它三尺远就化成水了。这是无价之宝，如果你需要钱，把它卖了能换回我们一辈子都花不完的金银。”老三说：“这是老人留给我们的东西，若不是这件黑皮袄，我俩能到一起吗？再说，要那么多金银干什么。小时候那么困难都熬过来了，现在有你在身边，我有力气，还怕什么？这袄留着做咱们的传家宝吧。”姑娘一听更高兴了，两人过着耕猎生活，小日子非常甜蜜。

再说老大搬进城里，用那坛金子修了一处宅院，刚刚建完要享受财主生活，却遭了一场天火，一家人连人带房烧个片瓦无存。老二用那缸银子买了几千垧地租种，当上了大地主，这年他赶上百年不遇的洪水，山洪暴发和泥石流，将他们的家和地都冲进江里顺大溜了。

伊拉气和艾虎两口子，谁家有困难都帮，把黑皮袄往家里挂，就什么都有了。人们这才知道艾虎姑娘就是貂神。她死后，打猎民族就供起了艾虎妈妈。

（四）熟鱼皮的来历

熟鱼皮，做鱼皮衣裤，往往用木斧木棰去砸和敲打鱼皮，使之柔软才可裁做。

这种方法是怎么来的呢？

据著名民间艺术家关云德搜集到的一个故事记载，从前，熟皮子全靠手工，熟一张皮子最少也得一整天。鱼皮多，一时半会儿熟不出来，不是坏了，就是烂了，十分可惜。

在松花江边有这么一家子，老两口儿都是熟皮子能手。

有一天，太阳升起老高了，老头还在炕上睡懒觉。也是，他昨天干了一天活，晚上又喝了两壶酒，今天就不愿起来。

老太太自个儿砸鱼皮，也累呀。

老太太就劝老头子："快起来干呀！"

老头子说："睡一会儿吧。"

"快起来！"

"睡一会儿吧！"

老太太干叫他，他也不理睬，她一生气一着急，顺手就把鱼皮往老头的腿上一搁，举起拳头就"咣咣"地捶打起来。

一边捶打一边说道："我叫你睡！我叫你睡！"

她这一砸，把老头子砸得"唉哟唉哟"地叫，老头子就一骨碌从炕上坐起来，大声骂老太太："老太婆，你疯啦！打我干啥？"

老太太说："谁打你？"

"那你打啥？"

"打鱼皮。"

说到这里，老头子一看，真的，老太婆放在他腿上捶打过的鱼皮已被老太太几拳砸得软乎了，不禁“哈哈”地笑了。

老头一笑，老太太也笑了。她说：“老头子，咱们终于找到了熟鱼皮的好办法了。瞧瞧，这么一砸，干鱼皮一会儿就砸软了。”

老头再次拿过干鱼皮，翻过来看看，掉过来看看，那干鱼皮果真被砸得又软乎又结实。他想了想，说：“老婆子，你等等。”

“干什么?”

“我送你一样好东西。”

只见老头子跳下了炕，在屋子里找了两段木头，用斧子砍砍削削，做了一个中间凹形的木槽和一个木棰递给了老伴。

老伴也明白了老头子的意思。她用这种工具去砸鱼皮，一会儿工夫就砸好了一大堆。

后来，他们又造出了被叫作木铡的东西，当地名叫克以库。直至今天，不少上了年纪的老猎户和老渔民家里还有这些熟皮子的工具呢。

第八章 并不远离

天刚放亮，黄牛便被主人从圈里牵出来。温热的草料水中要加进去一些白酒。主人说，这是因为黄牛上山拖木，一整天爬冰卧雪省得黄牛肚子疼……

它在被压上“老牛顶”（爬犁最前边的一块横木）时先拉屎。牛屎热呼呼地从屁眼里流下，落在白雪的地上，转眼便冻硬。主人说，牛上套前先拉屎。说完他不好意思地看着我。仿佛在解释牛竟然当着一个外人面拉了一泡屎的内疚。牛却毫不在意，拉完屎，脖上压上硬杠后，它便大步开走。走出村外，走向大雪林。

一种久远的寂寞袭来……

在这个遥远的村落，寒冷的黎明，生命的一天重新开始。可是，皮匠的影子呢？

这里曾经是张氏皮匠第二代传人辉煌和消失的地方，还能总是把他留在记忆中吗……

这个赶牛爬犁的人叫施春平，是施贵卿的老三；施贵卿是老皮

牛爬犁

匠第二代传人张世杰的老舅，皮匠的第三代传人张恕贵和施春平应是兄弟加屯邻，可是生活中依然看不出一个人身上明显的皮文化的气息。只能看到日夜的忙碌，感受到冬季山林中的那种无比的寒冷和寂寞。

人呢，秧歌呢，灯呢，喇叭呢，鼓呢？

什么都被自然掩盖了。难怪人们睁大眼睛去寻找“文化”，寻到的却只是千篇一律的生活本身。

家里的狗也跟出来了。家里的一切喘气的都要上山。山是这里人的“年限”。年限也叫“岁数”。这里人称你几岁了，往往叫“几罪”了。生活就是遭罪。到寒冷和大雪覆盖的林子里去数度岁月。牛走得很慢，硬硬的爬犁辕杠拖在雪道上，发出“嘎吱嘎吱”的响声。牛知道将有一天的“罪”要遭。

这种生长在长白山里的黄牛，主人呼喊它向前，已从原先的

牛拖爬犁

“驾——！驾——！”改成了“啊啊——！啊啊——！”据说这是因为这地方属于延边。牛也愿意听“朝语”。

风很硬。不一会儿，狗爪冻成了冰凌状。人的鞋下边也起了“钉脚”（一种脚上的热和雪地的冷的温差使得鞋子底上起的一种冰土疙瘩）。牛由于在村里的铁匠炉挂了“掌”，冰块长得慢。但走雪声已从原先的“嘎吱嘎吱”变成了“咕咚咕咚”……

四野静静的，没有一点声息。人和牛，爬犁和狗的走动声，就显得格外突出。而这一切又是单调的、重复的。

人的脚，狗的脚，牛的脚，还有逐渐结成冰层的爬犁杠底，都发出一种沉重的拖运声，仿佛那么久远久远，渐渐地，这种久远消失在岁月的空间里。

寻找了多少年了。终于，我在这长白山深处的村子里找到了皮匠的痕迹。我又追着这个痕迹，找到了第三代传人张恕贵，见到了

牛爬犁拖木

第四代传人张海顺，见到了他们亲手熟出的皮子做出的鼓在生活和舞台上“咚咚”敲响，见到了那由于他们做鼓的乐器制作技艺被评定为人类非物质文化遗产的证书和牌匾，于是我又来到从前皮匠在这儿熟皮子熏皮子的一座残旧的土灶前。

这个“灶”的独特作用是用来“熏皮子”。

从前，熏皮子是为了做鞋。从前的鞋叫靰鞡。整张的牛皮送到皮铺，要先由皮匠“泡皮”。泡好后，就要阴干，然后开“熏”。

熏皮子是为了把牛皮里的水分抽干，使牛皮变红，称为“红皮”。熏这种牛皮要使谷草，还要使这种特制的“土灶”。这种土灶，上面的灶面呈方形，用时里面塞满干谷草，点燃后灶盖压死，使火不起来，只冒烟。而烟囱一侧的一个人可控制烟喷出用来熏牛皮。

熏时，要由两个人扯住牛皮，不停地转动，使烟能均匀地在牛皮上分布，渐渐地烤干皮子。并且，经谷草的烟和这种土灶的熏烤，牛皮也微微发红，发亮，透出一种古朴的光泽，敲起来“当当”地响，然后，皮匠开始“下料”啦，开缝啦。缝靰鞡多是在寒冷的冬夜。

缝者要脚蹬一个高高的木凳，绳套套在左腿膝盖上（如果左手使针就套在右腿膝盖上）用腿蹬紧，皮张会紧紧地压在腿上，然后开缝……

那种“吆——！吆——！”的麻绳走针声，那种缝靰鞡的人累得深深的喘息声，伴着户外寒冷的风雪声彼此起伏，在昏暗的皮铺马灯照耀下，这种岁月曾经累瞎了多少皮匠的眼睛啊。

如今，这些岁月已经远去。剩下的，就是这座覆盖着白雪的土灶，还有，那几辈子都在传承着这个手艺的张恕贵大爷。但是，终于也算寻找到了。一种珍贵的记忆从此不会在世上丢失了。

但是，这种记忆的传承如今显得非常濒危。

工业文明和现代化、城镇化使得许多古朴的东西逐渐走向削弱，最后灭亡也是一种趋势。我们并不强求它的存在。但是那种曾经的存在应该而且必须要记录下来。记录应该是一种科学的珍贵保留。想一想人类便会明白，其实在从前，在皮匠的手艺登峰造极的岁月，这种文化和生存活动该是多么的生动。

首先是皮艺的能力扩展到自然的每一个角落，自然中几乎没有一种动物不与皮匠有着深深的联系。那是一种生活与生存的联系，由此展示了人类认识自然的深度和广度。动物这种生命在人类选择它和它选择人类的双重依赖中是皮匠文化使它们结合并保留下来了。

皮艺使得人类和自然生活充满了自己的丰富多彩。

人类生活文化的多样性很重要的方面是表现在人类的生存过程之中，而生活过程的哪一方面缺少过皮艺和皮匠的生活过程呢。无论是衣食住行，还是走入自然的工具，防雨御寒，生活娱乐，文化的多彩，声调的美轮美奂，几乎生活和生存艺术的一切方面，都在皮艺文化中得到充分的展现。这时人们才充分地认识到了传承。

传承被人认识和发展完全来自于生活的认同。一开始不是认同，而是生活。那是一种自然的使用过程。一个过程加上一个过程；甚至加上若干个过程，于是这就认同了。认同之后才产生了传承。

传承是人对一种被肯定的东西的总结。这其中被肯定的东西往往是最精彩也是最需要传承的东西，那就是技艺。

皮艺在中国东北已有几千年的历史了。据史料记载，西汉时期周武王北巡就见生活在黑龙江、乌苏里江和长白山一带的肃慎族人穿着一种精致的“皮服”，色彩多样，质地绵软，这便是“炕王”托雅哈拉（见曹保明《东北火炕》，吉林文史出版社 2007 年版）。另据富育光《萨满神服考》（《富育光民俗文化论集》，吉林大学出版社 2005 年版）载：“辽代史料载，契丹祖先，记其君长，‘号曰喁呵，戴野猪头，披猪皮，居穹庐中，有事则出，迟复隐入穹庐如故’。”日本学者认为“喁呵”就是萨满。他们的服饰有各种幻象功能。主要是认为服饰除防寒外，还有“开天辟地，照彻暗夜，飞天条带，神域传息”等作用。可见人类原始的生存观念早已在皮艺上有了重要的表现。它几乎是与防寒御冻一起存在于原始人类的生存历程中。

皮艺就是皮张使用的技术和技艺。在东北，皮子具有着丰富的资源特征，是人类所使用的物质的丰富的宝库。这里除常规的家畜牛、马、羊、猪、狗之外，大量的“山牲口”可提供丰富的皮子来源。这一点就远远比其他地区具有可选择的主体优势。

其实，一种丰富的地域资源为生活在这里的民族提供了更为丰富和具有想象力的使用智慧，于是这里的人就最先具有了对各种皮张的认识。包括它的性能、作用、价值和特点的认识。这使得生活在这里的民族早已与这种物质存在结合在一起，构成自己的生活史和文明史。其二就是皮艺的技术特征。

技术特征又包括对皮子的选择、加工和使用。

由于有了丰富的资源，人们对皮物的选择面非常的广泛。什么时候用什么样的皮子，什么季节选什么样的皮张；什么动物的皮张适合什么人，什么动物的皮张适合妇女，什么动物的皮张适合儿童，等等，可以让人充分地去适用和发挥大自然的优势，充实人生活的生存空间和精神空间。

生活本身又推动和扩展了生活在这里的民族对皮子加工技艺的想象和使用。在很早时候起，生活在长白山、黑龙江、张广才岭和大小兴安岭一带的北方民族就懂得了“熟皮”“熏皮”“泡皮”“晒皮”“刮皮”“裁皮”“剪皮”的诸多手法，这使皮子使用的方式成为北方“皮艺”发展的重要特征。

据富育光先生的考证，在对皮艺施用的常规硝碱浸泡沤皮的手艺之外，还使用了矿物、树物、草物和动物之中的种种原料来进行皮子的处理，它大大提高了皮艺的发展过程。在熟好皮子之后，同样是使用多种物质对皮子进行进一步加工。如染色技艺，这是北方皮艺的重要特征。北方民族服饰和神服的染色，多取古代传统的“草熏”法、“药熏”法，使服饰上的皮张黄润美观。还有用花草蕊叶、寒带植物的不同皮茎，包括色木、核桃木、铁力木、桦木、丁香木等树的皮干，并用兽血，天鹅血、龟血等血素为红色颜料来涂染皮物，把北方皮艺的加工技术推向了新的高峰。

北方皮艺的独特技术特征的发展还表现在朝廷的贡品要求促进了这种特征的存在和完善。在唐渤海时期，朝廷就注意到北方民族服饰技术的特点，到元明时期朝廷愈加注意对北方民族服饰技术的搜集，而到清时期，由于宫廷所需大量的皮张和各类动植物原料制成的服饰，专门设立机构收取和验收北方贡物，包括皮张，这在客观上促进了北方皮艺的发展。那种严格的“贡品”制度和要求，使得北方民族将自己生产生活中的对皮张掌握和了解的经验完全投入到发展当中，同时又按要求把中原和官方对皮艺的知识运用到实践中，从而产生了北方皮艺的独立特征。这些特征里包括它的熟皮特征、加工印染特征、制作特征、保存特征等等，统称为突出的技术特征。

然后，就是北方皮匠的传承特征。传承，主要是指经验和传人。在北方，诸多的氏族和部落各有自己的生活、生产经验和知识的传人，包拈家庭之中。他们是生沽的智者和能人，如萨满和部洛族长等。在皮子的使用和技术的推广上，这种传人非常的重要。如各族的萨满，其实是他们的权威和神力促使他们自然而然地保留了一门独特手艺，包括对神服材料的选择，加工制作的方法和手艺，使用时的仪式和规矩等等。这是北方皮艺技术的重要特征。

他们个人包括氏族对技术的传承，完整地保留了古有的手法。而东北又有从前的土著汉人和明清以来闯关东来的中原人将自己的皮匠艺术带入东北，保留了自己的独特皮艺。张氏家族就是这样的一支。他们既传承了中原皮艺的技术，又融合了北方民族的皮艺技术，从而形成中国北方皮艺选取、加工和使用的技艺，成为中国皮艺的独立特征。

从以上所说的中国北方皮艺所具有的资源特征、技艺特征和族人传承特征中，我们可以充分地总结出北方皮艺的主要价值和代表性价值。首先就是它的实用价值。

实用价值又可称为生活价值或经济价值，是一种物质存在的重要价值。各种皮艺就是在今天仍然具有着重要的生活价值和经济价值。牛皮、马皮和各种动物皮张虽然在今天已逐渐减少，大多数动物已成了保护的对象，人工合成的皮革已成为今后和未来的主要物质，对人工皮革的加工和使用许多方面的经验来自于原始和自然的动植物，特别是加工和使用技术要求并没有离开对原色和自然的需求。于是，生活和历史中遗留下来的皮张的性能和加工技术依然是一种珍贵的文化遗产和经验认同。这是皮艺技术重要的实用价值和经济价值。

第二就是它的社会价值。其实一种文化的价值主要体现在它的经济价值之中，而经济价值就是它的社会价值。今天，人们普遍地去寻求那种来自于自然之中的原色物质，其实是一种很强的现实主义需求。要求回归自然并没有错，它在某一点上是促使人类更好地总结自己发展自己。皮艺的广泛社会性就是它强调对人和社会起到保护作用，对社会的发展和科学的进步起到促进作用；对事物的诞生和进步起到对比作用，这就是它的社会价值。

第三就是它的历史价值。皮艺的历史价值非常充分。我们从诸多的皮艺物件和作品中都可以充分地看到一个地域一个民族久远的生存历程，有很强的时代感和历史感。皮件作为一种物体，它传承了人类的历史、地域的历史和民族的历史。它是历史的记录者和珍贵的载体。保存它，就保存了一段历史。它是一种活的具体的历史，是民族发展的见证。

第四就是它的文化价值。中国北方皮艺有重要和珍贵的文化价值。它的诸多的美都传承和保留着重要的文化内涵。它的质地、构造、结构、样式、上色、缝制、点缀、尺度，都是一种重要的文化思想和文化意识。

还有，皮饰和皮艺形成过程中的人。皮饰与皮艺是承载北方民族文化的代表作，但是代表作的代表性人物，即发明和制作这种物件的人的历程，又是一种珍贵的文化内容。近代以来，世界各民族越来越重视对传承人所传承的文化的研究与探索。在这方面，皮艺的传人是一个重要的文化使者。他传承的文化包括他的记忆，他的口述史，他的技艺的手法和进程，都是真正的文化内容。这是一种“大”文化的概念。是指对物——皮艺——这种文化内涵全方位的概括。

技艺被人总结出来、认定出来、肯定下来完全是生活实践的作用。远古时期的皮匠都是神，或是族人中的智者博和萨满，他们有资格去把技术保留或传承下去，这种资格也是他们作为智者的原因和能力。于是，作为人类生存历程中的皮匠存在到今天的意义显而易见的是这样三个方面。一是它的存在的物质性。就是作为皮子这种动物的皮张在自然中的独特存在。在东北，特别是在长白山、兴安岭和张广才岭一些老林之中，这种物质的存在形成了自己与众不同的条件。这记载了人类的一种活动，生存活动。

渔猎，就是人类从事捕鱼和狩猎。

人类在久远的生存历程中曾经有过人与动物相互依存、相互残杀的历史时期，人们在同大自然进行搏斗的岁月中创造了灿烂的渔猎文化，也使自己的智慧得到了充分的发挥。

据不完全统计，仅在黑龙江、松花江、乌苏里江和长白山区一带，历史上曾经有数不尽的飞禽走兽。这儿一望无垠的森林及草地，是各种珍禽异兽良好的生活领地，如丹顶鹤、海东青、天鹅、老雕、鹭鸶、鹌鹑、飞龙、野鸡等；还有紫貂、水獭、猞猁、狐狸、灰鼠子等各种细毛兽和著名的东北虎、黑熊、野猪、獾子、貉子、獐子、梅花鹿、马鹿、狍子、狼、豹子，等等。真是应有尽有。于是关于渔猎的故事也十分丰富多彩。

大雪茫茫的北方，山林间奔走着勇敢的民族，千百年来，青山绿水孕育着多少故事和传说，就像天上的星星，就像地上的草木，真是说也说不完。

皮子的使用和皮艺文化展示出人类精神能力的创造过程和发展过程。这是一种精神形成的过程。

有这样一个传说，从前有个孩子，和他的爷爷住在长白山的深山老林里，靠打猎为生。老林里人烟稀少，经常有野兽出没。

一天，爷爷上山去打猎，孩子一个人在屋里烧火做饭，这时一只花斑大老虎“嗷哟，嗷哟”地走进来说：“我，饿得快要死了。你，救我一命吧!”说着就向孩子扑来。

孩子没有喊，也没有叫，只是在心里想主意。我不能让老虎吃掉，剩下爷爷一个人在山里多孤单哪，我要活下来……

于是，孩子说：“虎大婶，我真想救你一命。不过我听人说过，你是山中大王，本领可大了。能不能和我比试比试，比完了，我认可让你吃了。”

虎，也很精明。

它，捋着自己的胡须算了一会儿，说：“那得看你比什么。”

“比赛跑吧。”

孩子指着门外不长的一条小道。

“就这条毛道?”

“对，跑个来回。谁先回到屋里，谁就赢。”

虎一掂量说：“还行。”

于是，孩子喊了声："预备——跑!"虎，已经蹿到毛道的另一头了。

孩子一看，老虎要往回返了，就不慌不忙地闪身进了屋里，拿起支棍儿，推上门，"咣当"一声，支了个登登紧。

老虎张着血盆大口，气喘吁吁地奔回门口，急得不得了。忙叫："你赖了，你赖了！你输了就该让我吃。要不你先把支棍儿放下来……"

孩子听了老虎的叫嚣，慢条斯理地说："还是支会儿吧。"

虎说："你放下支棍儿，我不吃你还不行吗？"

孩子说："支会儿吧。"

老虎在门外苦苦哀求，变着花样求孩子开门，可孩子就是一句话："支会儿吧……"

孩子怕老虎逃掉了，于是就从爷爷的烟管箩里抓出一把烟末，卷成纸烟点上了。说："虎啊，我犯烟瘾了。等抽完这袋烟，我放下支棍儿，咱俩再合计。"

"中啊。"虎答应了，一个劲儿打喷嚏说，"这蛤蟆烟儿真辣呀……"虎以为对方还在呢，其实孩子把烟放在地上早从后窗户跳出去找爷爷了。

不一会儿，爷爷回来了，老虎当时就挨了顿胖揍断了气。爷孙俩高高兴兴地吃了好几天虎肉。

从那以后，爷爷一提这事，孩子就说："爷爷别夸我了，这是'支棍儿'的作用!"

"支棍儿——支会儿——"这个故事讲常了，这个词用多了，于是逐渐地就变成了“智慧”这个音了，于是就有了“智慧”二字了。

智慧啊智慧，你是怎么产生的呢?

原来你是人在同无情的大自然和凶狠的猛兽的斗争中锻炼出来的。

一则故事，讲述得多么轻松自如，可是它的深刻性在于道出了人类在认识自然的历程中从无知到有知的重要的生存过程……

皮艺文化彰显了人类生存智慧，它使人类强大并独立地生存下来，成为世界的主人。

在二三百万年前，地球上出现了气候寒冷的时代。整个欧洲、亚洲、美洲北部几乎到处覆盖着厚厚的冰川，人类的第四纪冰川期出现了。在与严寒的抗衡中，部分古猿类动物开始南迁。迁徙和生存是人类重要的过渡时期，他们边行走边与野兽搏斗，这使人学会了站立起来去生存。人类站立后的渔猎阶段，促使他们去制造较为复杂的工具，而创造工具对人类大脑的发育和身体的成熟起到了重要的作用。

原始人从四肢爬行到站立起来就确定了人的概念。直立人的化石最早是1890年在印度尼西亚的爪哇发现的。直立人生活于距今大约20万年至200万年以前的时代，渔猎是人类适应环境的一个重要手段，人类通过渔猎以解决自己的衣食问题。这时人以渔猎维持生存，开始制造简单的渔猎工具，工具的发明和创造对人的大脑的开发和健全，对原始人的身体和行为都产生了重大的影响。渔猎得到的肉食改变了大脑的结构，不仅使大脑体积增大，而且使大脑的结构也变得复杂起来。

渔猎使人对山川、地理、动物、植物的气温、特点、特征等情况有了进一步的了解和掌握，从而从根本上促进了人的进化。从行为上来说，人类的渔猎是依赖技术的（武器和肢体的工具），因为在渔猎和采集活动中，人与人需要交往，需要合作，于是有了分工和组合。

人有了分工和组合，在对食物和猎物的共享和分配之中，产生了长期和短期的计划，于是一种自身约束的重要文化产生了，多种营养和复杂的活动越来越促使大脑明显地增大，这样人类产生了语言。

语言来自于劳动。这种劳动主要是渔猎活动，这在诸多的渔猎资料中已得到了证实。从人们的渔猎中的互相联系，召唤对方，恐吓野兽，到人们通过野兽的叫声去分析野兽的声音符号，说明人类在产生语言之前已经付出了巨大的努力。当人们知道自己可以模仿动物的声音，并把动物吸引来或把动物恐吓走之后，人类掌握语言的本领已经产生了。

渔猎活动逼迫原始人类迅速去创造语言，掌握语言和使用语言，随之而来的就是文字的产生。文字的前期是符号，在诸多原始人居住的洞穴中，除了一些头盖骨、肢骨和简单的渔猎工具之外，有许多刻在壁上和石上的符号，有些就是动物的画图，而这就是最原始的文字。当符号、色彩、音阶进一步深化出现时，人类的大脑发育已经到了相当成熟的阶段。

渔猎使人类的生活发生了明显的变化。于是更有效的渔猎活动继续产生了，那就是人类开始扩大自己的地理范围和生态范围，并逐渐地改变居住密度，人类进入了在全球的每一个部位渔猎生存的时期。

亚洲直立人的化石主要发现于南亚的印度尼西亚和中国的云南、陕西、北京、安徽等处。

直立人最早是在印度尼西亚发现的。那时，荷兰的青年医生杜布畦受德国和英国进化论思想的影响，一心想寻找人类的远祖。当时的印尼是荷兰的殖民地，地处热带，盛产猿类中的长臂猿和猩猩。杜布畦在 19 世纪 80 年代末出发来到这里，他曾经雇用五十个犯人，沿着爪哇的梭罗河岸寻找，经过几年的努力，终于在 1890 年于东爪哇的凯登布鲁伯斯发现了一块下颌骨，随后又有大的发现，于是他在 1894 年发表文章，认为直立人是现代人的祖先。

接下来是北京周口店猿人化石的发现。直立人生存的时期，气候是较温暖的，也有温暖和寒冷的变迁和交替，北京猿人生活时期的周口店地区的气候，属间冰期气候，和今华北的气候没有多大差别。温带气候每年都有寒冷的冬天，因而在洞穴中居住和外出渔猎都要使用火，火的诞生又反过来帮助了渔猎，这就促使人类开始全面地较为完整地去认识自己和自然了……

人类最初的生存经历就是人类的渔猎经历，是人与残酷的大自然、与各种凶猛的野兽进行殊死搏斗的经历，人类最为灿烂的文化之一应该也必然是渔猎文化和皮艺文化。甚至皮艺文化是渔猎文化的深化和生动的表述。

从前我们理解表述这个词以为只是口述，其实表述才是人类展示自己思想和精神的一种立体的全方位的技艺，那就是包括口述在内的多方位多视角地去说明一种形象，它包括展示和走进。皮艺的发生发展、完善和高潮的发展历程恰恰只能由自然和历史去进行完整的表述。

这样想来，一切都属于自然的了。

从前手工业生产方式的淡化和消失也是必然的，一些古老的生存方式、生活方式的消失和改变也是必然的，所有的一切，看似远离，其实并未远离。

原来，它还默默地顽强地存在于生活和自然之中，它还在那里呢。

在长白山的五峰，我这次和施家老三默默地走进长白山老林，说是去和他拉木，其实是去看一看那掩埋在老林荒草中的皮匠的坟。

我和他，和牛，和狗一齐向山里奔走。

我先是感受一种寂寞和冷落，让一种孤独从四方全面袭来。让一切都静止下来。然后，我再冷静地思考和体会。

我在进行着一种久远的连接。

让逝去的和久远的东西与眼前和未来的存在连在一起，看看是什么样子。

什么样子呢？一切都很自然。

皮匠的坟在山里孤零零地堆着，堆着。白雪盖着它，盖着它。

牛爬犁拖上木头往山下走，往山下走。

可我知道，在遥远的镇里，坟中埋葬着的人的后代正把他的技艺接了过去。样子也出来了，响动也出来了，“咚咚”的鼓声正响亮地传向四面八方。一切其实并未远离。这是东北最后一个皮匠传承下来的鼓声在民间敲响。

后记

停在东北深处

想起冯骥才那句话："馋了"就把自己藏起来，去过过"瘾"吧。他所指的馋，是指手头积压的思想积累和素材太成熟和丰富了，已经到了不写不行的时候了，于是，让自己"失踪"，就是隐藏起来，让自己与世隔绝。

今年"十一"，我失踪了。我先是给好友打个电话，让他在吉林西部找个荒凉又少有人烟的地方我去待几天，不让人知道。他说好，有一个地方。于是，他为我选了高家庄。那儿是查干湖以西二十多公里处的一个偏僻的渔村，也属于科尔沁草原上的查干淖尔。平时没人，清静极了。

我关掉手机，背上儿子大鹏从四川汶川地震前线国际救援队带回的一个大背夹子，装上所有的书籍和资料走进了那里。我看着外地人纷纷从别处赶往城里过节，我依然是在节日匆匆赶往野外去下乡。

我急于想把自己"藏"起来是有道理的。

今年太让人忙碌。从过年一转眼就到了十一。而我在年前采集到的东北最后的皮匠一家的故事时时像一团火在我心底燃烧，怎么也熄不了，我就想，让我在东北深处停下来吧！而且这一家子，老皮匠的儿子张氏皮铺的第三代传人张恕贵师傅多次给我打电话来，问我申报非物质文化遗产的事有没有消息，我都无言以对。因为我无法对他明说呀。所说的申报，要有大量的调查数据，有考察、认证，还要形成材料。这些谁来做呢？许多时候，人都说做，可是真正做的人也不知在哪里。而且要说申报，首先要把许多生动的东西归集起来，也就是要整理出来。这又谁去做？于是我想，还是等我做吧。我默默地做吧。也可能这只是我自己的心底所感而已。但是一种理智在告诉我，这种文化在迅速消失，你必须在这里停下来，不管其他任何理由，要先把它写出来。申报也好，阅读也好，得有个依据呀——这就是我想隐藏起来的原因。

而且，正好时序已到了十一，多么诱人的长假呀！

我要记录皮匠文化的愿望由来已久。许多年前，我就曾经下力气去寻找过皮匠，因为我觉得东北人和地域生活的方方面面其实都没离开“皮匠”。可是奇怪的是一直没有碰上如张师傅家这么完整，这么动人又现在正好是在干着的皮匠人家。于是也就在心底追自己，不能再等了。不然一旦失去这个载体，我们将前对不起古人、后对不起来者。

藏起来的岁月也是一种幸福。四野静静的，没有一点声息。只有夜里风吹动着查干淖尔的芦苇发出的植物摆动声在“沙沙”的有规律地响；还有，就是每天后半夜，去查网摘挂子的渔夫们出村上船时村里的狗一连串长吠声，然后又渐渐消失了。黑夜，重新归于平静……

皮匠使我心碎。原来，皮匠文化中有那么多的生动。当人按照一个主题范围去思考和走进这个领域时人才会明白，其实生活的每一个领域里都存在着无数的陌生，那些陌生才是最好的原创文化。收皮子，买缸，刮皮子，割皮子，缝皮子。我，简直成了一个“皮匠”。皮匠的特殊生活里有许多人们意想不到的规矩和说法，渗透出这一行人的种种生存行为。这里没有雷同，只有他自己。他自己，又是我自己。归集归结着别人，也是归集归结着自己。我把心深入皮匠的历程中去。我从这个窗口走进历史的深处和民族习俗之中，我也才第一次这么清晰地看清了北方。东北与皮匠手艺有着天然的联系。从前的皇帝和大臣们甚至已经选定要穿东北哪座山林里的哪种动物的皮子，而且各个季节的皮子也不尽相同。对做皮饰的人也有一套要求。甚至已在东北出现了皇服“皮屯”，这里的人一辈子一辈子地为朝廷熟皮子……

多少年来，我在北方民间文化的深处“走”。这种走其实是一个人一个人，一种职业一种职业地去了解掌握和归集着东北。伐木、淘金、打猎、打狼、驯鹰、捕鱼；那些人有土匪、妓女、木匠、车匠、铁匠、油匠、慰安妇；会喊森林号子的，会搭火炕的，会放河灯的，会挖参的，会剪纸的。我写的每一个人，开始都是一个自然的人，但现在已变成了一个“村落”，一个综合的北方“文化”村落。

当我把我多年来挖掘和构建的“村落”组合起来一看，我突然感受到东北，这块古老的土地，其实它并不荒芜和苍凉。在那无垠的草和黑土的深处，原来饱藏着那么多的丰富和生动。而且这是一个具体的东北，是一个可触摸的东北，是一个可亲近的东北，是一个可走进的东北。它是有形的，活态的。有血有泪，有声音有话语。就比如我写的这个“皮匠”吧，当了解到皮匠为儿女们缝靰鞡而差点累瞎了眼睛时，我开始真正地默认自己要去爱爹娘，爱一片土地，那就是东北。

在写《皮匠》的日子里，我才看清了自己的懦弱和所谓的坚强。也许那是所有人的懦弱和坚强，也是民族的东西。有时他们不会总结自己。他们只是平静地叙述着。祖上曾经因为一件端罩而得罪了皇商，不得不闯关东；到东北又因为他的手艺而惊动四方。后来，后代们看到国家没多少外汇去国外买鼓皮，于是自己就开始熟皮子。老皮匠死前告诉老伴，惆起我来，我再看一眼熟皮子的大缸……其实写作，是在祭祀一片土地，祭祀着民族的历程和人类最为生动的过程，也是在祭祀着一种手艺，或一个人。人类不能离开往事。非物质文化遗产就是一种往事，是一种生动的有代表性的往事。包括各种手艺和传承这种手艺的人。但往往看起来是一派普通和平凡。谁都是平凡的。其实当你被生活和历史充分感动时，你才知道这其实也是平凡的。

人只有回归和落到了生活的本身，人才会变得自然和平静。前人生活的许多磨难后人们讲起来往往几句话也就一带而过了，而我们不应该轻意地让生动消失。当我在当时一再追问诸多先人生活细节和关于皮艺传承技术的名词、行话、俗语时，皮匠的后代传人仿佛才终于明白了我对于这一行的了解绝不是一种简单的采访。于是记得，我俩冒着大雪走回他父亲的老村。在长白山的大风雪中，我们对皮匠先人的岁月和环境进行全面考察。我自己又只身一人进长白山里的这个皮匠老人的村屯去了好几次。他明白了，我也懂了。这才是文化遗产的真实和科学的挖掘和认识。真正地走过这个历程，人才幸福。那是一种幸福的思想历程。

写这个故事时实实在在地感谢东北满族民间艺术家关云德，他的剪纸简直是巧夺天工般地把皮匠生活的每一个方面都表述出来了，它让每一个动物都活了。如果说《皮匠》能够成功和打动人，他的艺术和灵感起到了重要作用。还有他的儿子关长宝把大量关于东北皮匠生活的习俗和文化方面资料都给我归集起来了。著名的文化人类学家富育光和于济源老师也为我归集了所有的皮艺文化思想成果，还有孙正连，他与我去寻“狼”，于是才能完成。我要把这个皮匠家族的最后传人申报为中国民间文化杰出传承人。

七天一忽而过。我放下笔打开手机竟然有几十条短信找我。对不起了朋友，我是走到另一个领域里去了，保护文化遗产，要靠人具体地去做。想想这些年来我一人一人的，一件一件地在做着，真的“建”起了一个“村落”，那是“文化”村落，也是世界遗产的珍贵群落。留下这些，是留给岁月的真正的财富。感谢生活，感谢所有对我宽容和期待的人。